食材認識與選購

——原生・綠色・永續

Food Ingredients: Concept and Purchase-Native, Green, and Sustainability

張玉欣◎主編

張玉欣、姚瓊珠、黃來發◎編著

序

對餐飲業者而言，「食材」在早期社會從價格的角度來看，無非就是高價或低價食材，如在宴客能代表身分地位的鮑魚、龍蝦、魚翅等高檔食材。但曾幾何時，食用魚翅代表對環境意識的漠視，有些過去流行在宴席菜的食材已經逐漸褪去光彩，取而代之的是代表綠色、永續概念的食材，如減少紅肉消費與蔬食的推廣。

2017年在臺灣颳起的「米其林餐廳認證」之旋風，帶動餐飲業者對食材的重新詮釋。為了呈現每道菜餚的獨特風格與意義，在地食材或稱風土與原生食材逐漸受到廚師的重視。Sydney Mintz教授在1996年曾提到在地食材在烹調上的使用，是形成在地菜系一個很重要的元素。要認識臺灣地方食材的特殊性，需要從許多的地方志中瞭解臺灣人在應用在地食材上的發展歷史。

本書針對「食材」之主題，在第一章將先帶領讀者從認識臺灣與全球的糧食發展歷史，並進一步在第二章將重心放在臺灣食材的發展，包括原生、在地，以及近年來發展出的風土品牌之食材，讓讀者能夠對自己生長的臺灣土地所孕育出的食材有充分的認識；伴隨著全球化的腳步，我們同樣需對這個地球村的食材能有基本瞭解，因此緊接於第三章的異國特色食材，能夠讓讀者對於異國食材的歷史發展能夠充分掌握，烹調利用上得心應手。

在華人的飲食文化圈，食材的陰陽、冷熱理論傳承數千年，即使在現代社會，人們仍然對於此傳統飲食文化深信不疑，在第四章的食材陰陽理論之內容，便是協助讀者在利用食材之際，也能思考食材本身的陰陽特質，進而設計符合季節需求、個別消費者需求的菜餚。在食安議題上，愈

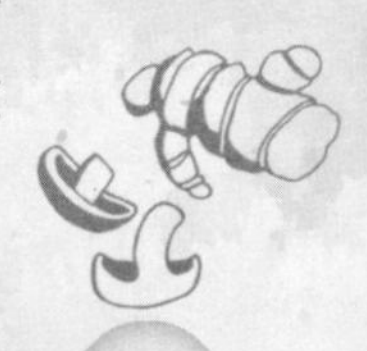

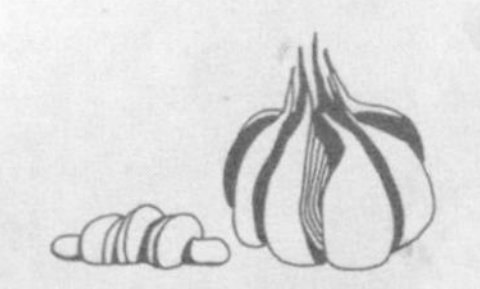

來愈多的法令與食品安全標示，都需要消費者與業者具有一定的知識與辨識能力才能選購正確的食材，甚至有更多的標章與永續環境有緊密的關係，因此第五章將帶領讀者認識臺灣與世界重要指標國家的食材標示，包括食材溯源、有機標章、永續海產標章等，作爲採購食材的一項重要知識引導。

回歸食材的基本利用原則，包括採購的途徑、策略、原則，以及之後的驗收與倉管之程序與原則，都是餐飲從業人員必修學分，第六、七、八章便循序漸進帶領讀者認識食材採購的影響因素、一一介紹五大類食材的選購與利用等實務上的操作。在第九章的食材行銷之議題上，則進階討論綠色與永續食材如何在未來獨領風騷、成爲餐廳行銷策略的重要利器。

最後，第十、十一章則自食材與環境、糧食安全議題在未來的發展進行介紹，包括動物福利與食材的關係、確保人類糧食安全的世界級保種計畫等，透過這兩個章節的學習，讓讀者與世界同步一同關心，並思索食材在人類世界扮演的角色。

在此感謝合著的兩位作者，姚瓊珠理事長將多年在陰陽、五色養生理論的精闢研究，在第四章與讀者分享，並與黃來發主廚共同在第六、七章的食材基本認識與利用上，詳述實務的操作經驗。黃主廚則在第八章介紹他多年在五星級飯店累積大量的食材採購、驗收等知識經驗，讓此書在食材的基礎下紮根、內容更加豐富。未來也歡迎教授相關課程的老師、獲得知識傳授的學生，都能夠回饋相關意見，讓此書能夠更加精進。

張玉欣 謹識

2023年5月25日

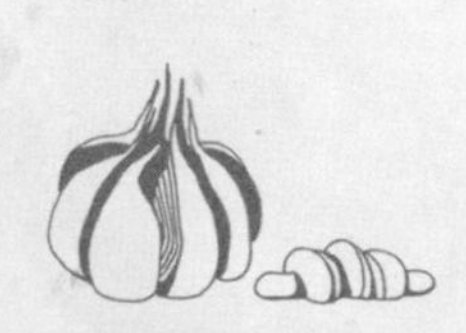

目 錄

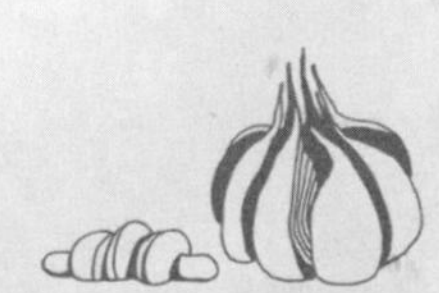

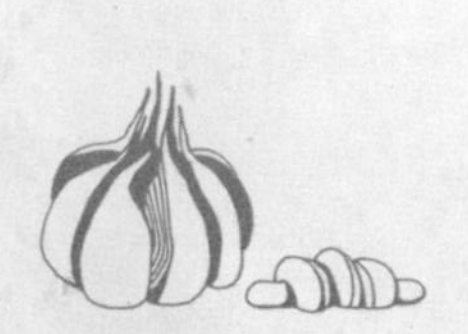

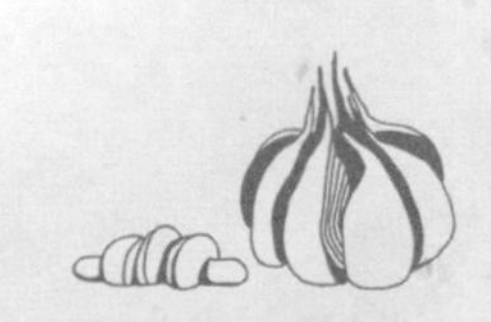

Chapter 1 緒論

- 全球主食分布與生產之介紹
- 臺灣主食生產之歷史與現況介紹
- 其他臺灣在地食材之發展歷史

世界上有超過五萬種可食用植物，但其中只有十五種就提供了人類90%的食物能量攝入，其中以水稻、玉米和小麥占總量的三分之二。由於上述三類是構成人口飲食主要的部分，因此也被稱之爲主食（food staples）；其他主食還包括小米、高粱、塊莖作物，如馬鈴薯、木薯、山藥和芋頭等，也有少數族群以動物產品爲主食，包含肉類、魚類或乳製品。

本章提供讀者對於全球的糧食生產發展的基本認識，以便能進一步對於其他國家人民爲何選擇與稻米相異的主食產生理解，也對於有興趣鑽研異國料理的消費者或專業餐飲經營者有所幫助。

第一節　全球主食分布與生產之介紹

主食是有規律的，甚至每天都會食用，它提供了一個人所需能量和營養需求的大部分。但主食因地而異，取決於可用的食物來源。大多數主食都是廉價的植物性食品。它們通常充滿能量的卡路里。穀物和塊莖是最常見的主食。

傳統上，主食的來源取決於一個地區的原生植物。然而，隨著農業、食品儲存和運輸的改善，各地區之人類習慣食用的一些主食也正在改變中。例如，在南太平洋的島嶼上，根莖和塊莖是傳統的主食，如芋頭。然而，自1970年以來，他們對芋頭的消費量已逐漸下降；臺灣人早期以地瓜和稻米爲主食，現在則增添了如麵條、麵包等小麥製品作爲主食。以下將介紹全球這些重要主食的生產與發展歷史。

一、玉米

玉米（corn; maize）是現今提供全球人類最高比例熱量的主食，占有19.5%。現今墨西哥的土著居民在大約一萬年前便首次馴化（domesticated）玉米。玉米的悠久歷史說明它今天仍然是墨西哥最重要

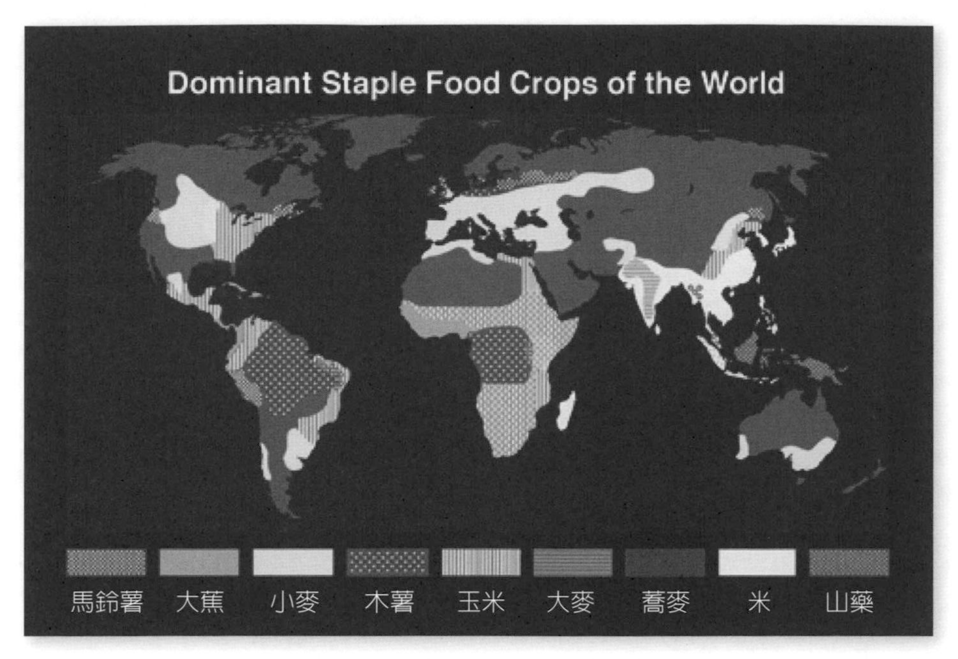

圖1-1 世界各地之主食分布圖

資料來源：www.pinterest.com

圖1-2 玉米是人類的主食之一，有各種不同的品種

的主食來源。每道典型的墨西哥菜都以某種方式圍繞玉米，例如，它是玉米餅的主要成分，墨西哥的國宴則是一整桌的玉米宴席。

透過國際貿易的進行，玉米已經在世界各地普遍應用於食物生產與烹調，並已成爲非洲、歐洲和美國的主要食物來源。目前美國是世界上最大的玉米種植國，生產了世界上40%以上的玉米，中國、巴西、墨西哥和阿根廷也是玉米生產的重要國家。

人們通常烹煮玉米的方式，可以是將其煮沸並全部食用，或是進行乾燥後並磨碎以製成玉米麵粉，可以將其在加糖的牛奶中煮熟以製作甜點。玉米也可以用於食品加工的用途，如作爲一種食品添加劑當中的甜味劑（玉米糖漿），製成威士忌所需的酒精，以及食用油所需的成分等。

二、稻米

稻米（rice）占全球主食供應熱量的16.5%，是全球十六億人口每天的主要營養來源。不僅從亞洲到拉丁美洲，還可延伸到非洲。野生稻米的出現可以追溯到150萬年前，後來在印度和東南亞馴化，幾千年來人們一直在種植稻米。一項研究資料提到，中國浙江省餘姚市發掘到的河姆渡遺址，即約一萬兩千年前，當時中國長江中下游地區的住民已經使用簡易鐮刀、犁頭等工具，將野生稻進行人工培育，號稱世界最早。雖然日本米食頗爲知名，但日本其實在西元前一百年左右才開始食用稻米。在葡萄牙貿易探險期間，稻米也被帶到南美洲。

由於水稻需要溫暖潮濕的氣候才能生存，地區限制較多，目前以中國、印尼和印度是最大的種植國。

三、小麥

小麥（wheat）提供全球主食15%的熱量攝取，中東則是小麥的起源地，因爲它最早的種植地區是在今伊拉克附近的古代美索不達米亞地區。

圖1-3　稻米占世界卡路里消費的第二名，有各種不同的品種

圖1-4　小麥提供全球熱量攝取的15%，是麵包、麵條的主要原料

相關研究指出，這是第一種馴化作物，促進了農業的傳播，並導致人口迅速增加。美國、中國、俄羅斯、印度和法國是世界上最重要的小麥生產國。小麥通常是乾燥後磨製成麵粉。這種麵粉用於製作麵包、餅乾、義大利麵、早餐麥片和糕點等。

四、塊根和塊莖作物

塊根和塊莖作物（root & tuber crops）則占全球人類在卡路里攝取量的5.3%。塊根與塊莖作物，通常生長在其他作物難以生長的氣候中，如較爲乾旱的地區。木（樹）薯（cassava）是最常見的塊莖。僅它一項就占全球卡路里攝取量的2.6%。它最初來自南美洲的亞馬遜地區，現已傳遍世界各地。南美洲和非洲的飲食主要由這種植物作爲補充熱量的食物。臺灣流行的「珍珠奶茶」，其中珍珠便是由木（樹）薯作爲主要原料。

馬鈴薯起源於南美洲的安第斯山脈，占世界卡路里消費量的1.7%。它們在十六世紀被引入歐洲，並成爲生活在貧窮線人們的共同食物來源。愛爾蘭的一場植物病蟲害導致了一八〇〇年代中期的大饑荒，主要是過於依賴馬鈴薯這種作物。其他常見的根部食物尚包括番薯（0.6%）和山藥（0.4%）。

第二節　臺灣主食生產之歷史與現況介紹

根據衛福部的報告中指出，目前國人以白米飯最常當作主食，但國人也喜歡搭配其他全穀雜糧類食用，例如：糙米飯、全麥饅頭、甘藷、紅豆、綠豆等，以獲取其他營養素，如維生素Ｂ群、維生素Ｅ、礦物質及膳食纖維等。但作爲臺灣人主食的米飯，其歷史可以追溯到荷據時期（1624-1662年）。

臺灣物產豐富，自荷據時期的文獻資料即顯示，臺灣當時已有動、

植物的足跡，當時的原住民便利用在地的原生食材果腹三餐。之後，荷蘭人來到臺灣，引進許多的作物，以滿足當時在食物方面的需求，包括現今最重要的主食——稻米。之後，1662年的漢人移墾，不僅引進更多的需求作物，更將烹調與飲食習慣一同帶到臺灣。本章節將帶領讀者認識在臺灣歷史進程中、於不同殖民時期所引進的主要主食作物。

一、番薯

番薯的正式學名爲「甘薯」，但就性質而言，屬於澱粉質根莖類，其營養成分以澱粉爲主，其次爲蛋白質、維生素，亦含脂肪與礦物質，近年來備受重視的膳食纖維也在其中，是臺灣三大重要作物之一。番薯引進臺灣的時間，根據《臺灣番薯文化誌》，有下列幾種說法：

1.十六世紀中葉，中國的海盜逃到臺灣時，順道自大陸傳來。

圖1-5　番薯屬於塊莖作物，占世界卡路里消費的0.6%

2.十六世紀末，由福建漁民帶來臺灣。

3.荷蘭人統治臺灣時，由福建移民帶來。

4.1661年鄭成功來臺時所引進。

5.十八世紀初，由福建移民帶來。

6.原住民自其他地方帶回。

「番薯」是在漢人移墾時期（1662-1895年）引進臺灣最重要的作物。《臺灣府志》裏有記載，稻米和番薯是當時漢人最重要的主食。雖然稻米當時是相當重要的作物，但收成的稻米並不足以應付當時住民的需求，於是由漢人引進的番薯成爲當時貧窮漢人的生活主食。到了日治時期，以及後期的二次大戰期間，由於稻米不斷輸出到日本，因此臺灣人在當時幾乎是以番薯作爲主要的糧食作物。

日本時代的臺北帝大教授山本由松先生曾比喻臺灣的形狀好似番薯或是樟樹葉的形狀。番薯除了外形類似臺灣本島形狀之外，臺灣人民在過去漢人移墾的歲月、日本殖民時期、以及二次大戰的糧食缺乏的苦日子裏，「番薯」這項作物，扮演溫飽臺灣人民最爲重要的角色，儘管時空不再相同，然而過去小時候的飲食經驗，不論是痛苦的回憶或是辛苦日子的記憶累積，地瓜飯、地瓜稀飯、抑或地瓜簽所烹煮出來的相關食物，都成爲代表「臺灣人」的象徵。

番薯又稱地瓜，含有豐富膳食纖維、維生素和礦物質等營養，曾被世衛評爲「十大最佳蔬菜」榜首，加上現代人養生觀念日盛，以地瓜取代米飯或當成早餐，也蔚爲風潮。根據農委會的資料，臺灣的番薯主要分爲三種顏色的品種，紅、黃、紫色等與葉用地瓜，也就是俗稱的「地瓜葉」。而它們各自都擁有不同的營養價值與用途。後續章節將詳細介紹臺灣地瓜的品種與選購方式。

二、芋頭

臺灣的芋頭種植是早年由原住民自東南亞引進，一直是原住民重要的經濟作物之一。芋頭的品種也非常多，一般簡稱山芋、水芋。住在山區的原住民大多把山芋種在坡地上，唯有居住於東部平地的阿美族，以及住在蘭嶼的雅美族（達悟族），才見得到種在水田中的水芋。

原住民族擅長利用整株的芋頭，例如芋頭葉可拿來當食器，作爲盤子之用；芋頭的莖部汆燙後可快炒，加些肉片或薑絲，吃起來有點彈性；至於根莖部的芋頭可利用的方式更多，煎、煮、炒、炸皆可，也適合甜食，是非常大眾化的食材。

在臺漢人也常用芋頭製作食物。早在日治時代，路邊便有以芋頭爲食材的炸類點心，芋棗和芋餅等都是相當道地的臺灣點心。早期也有人做芋羹，打成糊狀，屬於甜湯的一種，上面則可以撒上花生粉和葡萄乾，也有「芋頓」，是將整個芋頭用模子進行蒸製。

圖1-6　芋頭不僅是原住民的主食，也是移墾至臺灣的漢人常食用的糧食

芋頭對土壤的適應性很強，基本上到處都適合生長，水田、旱田或坡地都能栽種。芋頭也具有耐熱、耐濕、耐陰、耐肥、耐瘠的特性，一般只要在25～35℃的氣候條件就能存活，在高溫潮濕的環境下生長更旺盛，植株會較高大，球莖也較大。

目前芋頭主要產地以臺中、苗栗、屏東、高雄、花蓮、臺東爲主，占總栽培面積八成以上。芋頭的地下莖爲主要食用部位，富含大量的澱粉、醣類、蛋白質、礦物質和維生素。臺灣的芋頭有許多的品種，最具代表性的爲麵芋、里芋和檳榔心芋。

三、稻米

荷蘭人在荷據時期爲了能夠在臺灣有足夠的糧食，自中國大陸引進漢人協助種稻。當荷蘭人初占澎湖時，曾經致函荷蘭東印度公司，要求輸運牛隻入澎；在赤嵌也經營畜牧業，並派公司員工專門管理，如1639年8月10日的《熱城日誌》即詳細記錄了「那裏有415頭牛，即：192頭母牛（koebeesten）、72頭閹過的牛（ossen）、12頭公牛（bullen）、139頭小牛；22隻綿羊，即16隻已經長成的，和6隻較小的綿羊。」牛隻部分用於出借給中國人做爲耕作田地之用，但大多數仍是請漢人自行由中國輸入。

當時荷蘭人由東印度公司自東印度載來一、二百頭的水牛協助耕田，所種植的稻米品種主要爲「在來米」（indicas）。1921年以前的日治時期，臺灣人仍以「在來米」爲主，也是日治初期吃的稻米。但由於臺灣是殖民地，成爲殖民主——日本的主要商品生產者，因此日本政府在臺灣積極發展三種作物：稻米、甘蔗及番薯。但由於日本人吃不慣臺灣的在來米品種，因此日本政府決定引進「日本米」（japonicas）的品種至臺灣種植，以符合日本市場的需求，之後日本米的品種便取代了在來米的品種。

當時臺灣種植的日本米主要輸出到日本，臺灣人還是以番薯爲主要的主食。日本人在陽明山竹子湖成功種植日本米之後，在1926年由磯永吉教授主導所種植成功的品種——「中村種」取名爲「蓬萊米」，「蓬萊

圖1-7 陽明山竹子湖進行復育「中村種」稻米

米」在日治結束之後成為臺灣人的主食，而這項主食文化更是臺灣菜的重要元素之一。

臺灣目前常見的稻米種類有糯米、蓬萊米和在來米三大類。「蓬萊米」的米粒透明及較短圓，全臺各縣市均有種植，以臺中縣、彰化縣、雲林縣及臺南縣的生產面積最為廣大。而長久以來種植的在來米現在主要作為米食加工原料之用，產地以雲林、嘉義為主；糯米部分，有米粒較短的圓糯適合釀酒、製湯圓及紅粿等用途；而細長形的長糯則多用在包粽子、作米糕及油飯等。糯米產地以彰化、雲林及臺南一帶為主。我們吃的白米米粒中，有72-79%的醣儲存在胚乳中，是提供熱量的主要來源。胚芽則另含蛋白質、脂肪、維生素B、礦物質等。

第三節　其他臺灣在地食材之發展歷史

Sydney Mintz教授（1996）曾提到地方食材在烹調上的使用，是形成地方菜系一個很重要的元素。要認識臺灣地方食材的特殊性，才能夠找到屬於臺灣人自己的菜餚之特色與獨特性。因此本節主要依據史料所記錄，介紹除了原住民於1624年以前所利用的食材外，主要則以臺灣在不同時期被外來殖民主引進的作物，期望讀者能夠從歷史的紀錄中，對於臺灣在地食材能有所認識。

一、荷據時期之前（1624年以前）

原住民是臺灣最早的住民，三國時期沈瑩的《臨海水土志》是最早紀錄有關其飲食生活的內容，該記述提到當時的臺灣「既生五穀，又多魚肉」。臺灣島上的住民會將捕獵來的魚肉、獸肉存放在大瓦甕裏，鹽滷數月，即成美味的「上餚」。

臺灣原住民主食則多以粟（俗稱小米）、稗、小麥、旱稻、番諸及山芋等作物爲主，並輔以採集的野菜及漁獵之山豬、山羌、溪魚或海產等爲主要食物。

二、荷據、漢人移墾時期（1624-1895年）

臺灣自1624年進入荷據時期起，陸續有不同的作物被引進臺灣，以滿足當時住民對食物的需求。《熱城日誌》記載了荷蘭人來臺之後，爲了追求商業貿易利益而發展出來的農業活動，曾經從中國引進了諸多的動、植物物種，包括漢人大量從中國移入了牛、山羊、豬、雞、鴨、馬、驢子等家畜，以及西瓜、小麥、豆子、葱、落花生、芥菜種子、番薯苗、果樹

苗等蔬果種苗。

其間，還有許多不同的作物與植物陸續被介紹到臺灣來，如芒果（當時稱樣）、波羅蜜、釋迦、辣椒（當時稱番薑），以及荷蘭豆等。

1696年出版的《臺灣府志》曾記載臺灣於漢人移墾時期所種植的作物，以及飼養的動物等。以作物爲例，包括12種稻米、2種麥類、5種黍、6種菽、39種蔬菜、18種水果、4種纖維、22項中藥草、8種畜類、23種鳥、10種土生動物、52種魚，以及19種介殼類海鮮。

1747年出版的《重修臺灣府志》之〈物產篇〉，則先提到五穀，分別包括：27種稻、4種麥、5種黍（如黍、蘆黍等）、11種菽（如黃豆、白豆等），再列出29種蔬菜、28種水果（如提到釋迦是荷蘭種、芒果是來自日本國、西瓜則是中國大陸品種）、19種昆蟲與蛇、11種畜類（包括牛、羊、豬等），以及14種土生動物（如熊、鹿、山豬等）。魚和甲殼類之食材則列在他章介紹。這些地方志詳細記載臺灣早期的作物、食用動物、水產等，可見當時臺灣可利用的食材已經相當豐富。

三、日治時期（1895-1945年）

日本政府於1895年開始統治、殖民臺灣。在日治初期，日本政府鼓勵日本農民移民臺灣，這些日本人也將自己熟悉的食材帶到臺灣，如牛肉、高麗菜、日本人在吃生魚片最習慣沾的芥末（wasabi），其原植物「山葵」也被引進臺灣種植，當時以阿里山種植的面積最廣。之後這些食材所製成的菜餚等飲食習慣也逐漸影響了在臺漢人。

1920年《臺灣通史》的〈農業篇〉也記載十分詳細，有13個類別的作物與物產，包括42種稻、13種豆類、3種麥、4種黍、2種苧麻、2種藍染、3種馬鈴薯、3種甘蔗、2種茶、9種瓜類、26種蔬菜，以及42種水果。魚和介殼類則列在魚的單章介紹。

四、國民政府時期（1945-1988年）

國民政府時期可以說是外省飲食文化大量被介紹到臺灣的重要時期。如以小麥製成的麵食類的食物，像是麵條、蔥油餅等等。另外，1951至1965年的「美援」也引進許多援助物資，如黃豆、奶粉、麵粉等。由於黃豆是製作豆漿的主要材料，而麵粉則是製作許多中式麵食與點心的主要食材，因此這些物資的配給剛好提供臺灣人有機會學習並製作這些外省食物。但當時還有一個重要的影響是牛奶的推廣。雖然日本人在日治時代已經引進牛奶，但當時的臺灣人大部分沒有人能負擔牛奶的消費，但美援奶粉刺激了臺灣人的消費意願，也開始學習喝牛奶，並使其成爲早餐的一部分。

結語

「糧食自給率」是評估國家糧食自給程度的指標，也就是國內消費糧食與國內生產供應的比率。以熱量計算的「綜合糧食自給率」，臺灣在1985年達到56%，2018年降爲34.6%，但2020年又降至31%，等於進口需求近七成，自給率過低。

臺灣環境適合稻米生長，年產量高達142萬公噸，是國人長年攝取最多的主食。但隨飲食習慣西化、外食人口增加，國內小麥生產量無法供應逐年上升的麵食需求，所以必須大量進口小麥，同時造成糧食自給率下降。因此消費者選擇吃飯或吃麵食，確實和糧食自給率有極大關係。

立法院於2022年4月正式三讀通過「食農教育法」，農委會預計投入十億元，鼓勵地產地消、支持在地農業、惜食減少浪費，讓國人更加認識臺灣農業及國產農產品。

專欄1-1 提升糧食自給率 全民動起來

糧食自給率對國人影響

國際上使用「糧食自給率」來估計一國的糧食生產是否滿足國內所需。糧食自給率有兩種計算方式，一種以價格為權數，一個是以熱量為權數，將國內糧食所產生的熱量除以國人一年所需的熱量，數字越大，就表示該國國產糧食占整體糧食供應的比率愈高。民國99年，行政院農業委員會算出臺灣糧食自給率為31.67%，不但遠低於法國320%、美國120%，連生產及市場條件接近的鄰國日本也有40%。究竟是什麼樣的因素，讓我們的糧食自給率偏低呢？

原因就出在於小麥、玉米及大豆等雜糧！身為主管國內糧食生產、政策籌劃與執行的行政院農業委員會農糧署大家長——李蒼郎署長，對於國內糧食自給率及黃小玉等進口糧食問題，一直以來都十分關注。李署長說：「根據農委會調查，稻米的糧食自給率為92%、水果88%、肉類82%，糧食自給率會被拉低，主要是因為我們只生產很少量的大豆、玉米跟小麥，尤其是小麥幾乎全部仰賴進口！」

提高糧食自給率，農委會推動小地主大佃農、活化休耕地

不只是民間動起來，身為全國農業主管機關，農委會也相當重視糧食自給率的問題。為了提高臺灣糧食自給率，農委會推動小地主大佃農，要活化休耕地。李署長說：「過去為了要減少糧食生產過剩、培養地力，所以有休耕補助的措施。但隨著農業人力逐漸老化，越來越多的老農無力耕種，閒置的農地便用來請領休耕補助。現在正是釋出這些地力高的農地給想務農卻又找不到地的青年耕種的時候。」因此，過去原本該區域一年兩期作均可選

擇辦理休耕，之後最多將只能領到一期休耕補助，這樣對農民而言，提供租地給其他有意願務農者，將有更大誘因。而省下的經費，也將能回饋到農民身上，創造更多價值。

資料來源：節錄自臺灣農業故事館，https://theme.coa.gov.tw/theme_list.php?theme=storyboard&pid=33#:~:text

參考文獻

一、中文部分

〈通膨壓力大 各國減少吃肉〉，《人間福報》，2022年9月4日，https://www.merit-times.com/newspage.aspx?unid=809245，瀏覽日期：2022年9月6日。

王志偉（2021），〈荒地變良田 復育30種原民食材〉，https://tw.news.yahoo.com/%E8%8D%92%E5%9C%B0%E8%AE%8A%E8%89%AF%E7%94%B0-%E5%BE%A9%E8%82%B230%E7%A8%AE%E5%8E%9F%E6%B0%91%E9%A3%9F%E6%9D%90-201000085.html，瀏覽日期：2021年8月26日。

李汝和編（1971），《臺灣省通志》，卷2，頁7-8。臺北：臺灣省文獻委員會。

林瑞珠，〈魯凱排灣餐桌上的香氣—芋頭，冬季收成的美味〉，2021年3月24日，https://alive.businessweekly.com.tw/single/Index/ARTL003004579，瀏覽日期：2022年9月6日。

原民美食 狂野臺味，https://news.pchome.com.tw/magazine/print/po/taiwan_panorama/6855/132802560044718019001.htm，瀏覽日期：2021年8月26日。

張玉欣（2020），《飲食文化概論》（第四版），新北市：揚智文化。

張玉欣主編（2023），《世界飲食文化概論》，新北市：華立出版。

陳元慈（2018），〈食材庫：5種風味萬千的原住民食材〉，https://guide.michelin.com/tw/zh_TW/article/features/5-taiwan-aboriginal-ingredients，瀏覽日期：2021年8月26日。

陳怡文（2022），〈臺灣糧食自給率35年跌25%！食農教育法三讀通過 農委會砸10億推廣〉，《蘋果新聞網》，2022年4月19日，https://www.appledaily.com.tw/life/20220419/O6QKYS472RH3ZIE23XJXTHTFCA/，瀏覽日期：2022年9月6日。

黃敬翔，〈糧食自給率難提升到40%？陳吉仲：單靠生產端力量有限〉，食力，2020年7月25日，https://mamibuy.com.tw/talk/article/148045，瀏覽日期：2022年9月6日。

臺灣原住民飲食文化，http://www.ycvs.ntpc.edu.tw/ezfiles/0/1000/img/67/36181130.pdf，瀏覽日期：2021年8月26日。

臺灣農業故事館，https://theme.coa.gov.tw/theme_list.php?theme=storyboard&pid=33#:~:text，瀏覽日期：2023年3月26日。

稻米，農業知識網，https://kmweb.coa.gov.tw/theme_data.php?theme=production_map&id=65，瀏覽日期：2022年9月6日。

二、外文部分

Himanshu Rajak, "Staple Food with Regional Influences", http://hmhub.in/staple-food-with-regional-influences/，瀏覽日期：2022年9月6日。

"What Are The World's Most Important Staple Foods?"，https://www.worldatlas.com/articles/most-important-staple-foods-in-the-world.html，瀏覽日期：2022年9月6日。

臺灣的原生與風土食材

- 臺灣原生食材
- 季節與在地食材
- 品牌與風土食材

第一節　臺灣原生食材

原生食材（native ingredients）指的是原本就生長在該環境、對人類而言是可食性的動植物，在臺灣即指臺灣原住民在早期利用居住環境之周遭所能食用的可食性食物。由於這些食材是適合臺灣地理、氣候與環境等自然因素而生長的動植物，而非外來品種，便不會有侵入性的環境危害問題。從人文的角度思考，臺灣的原生食材因最適應臺灣這塊土地而成長，一方土養一方人，因此更能凸顯臺灣本身在食材應用上與其他國家或地區的差異，進而凸顯其獨特性。近年來，來臺或在臺星級主廚開始尋找臺灣原生與風土食材，便是因爲能因此研發創造出屬於臺灣的獨特性菜餚之重要原因。

最早利用臺灣原生食材的人當屬臺灣原住民。原住民是臺灣最早的住民，三國時期沈瑩的《臨海水土志》便記載有關其飲食生活的內容，該記述提到當時的臺灣「既生五穀，又多魚肉」。臺灣島上的住民會將捕獵來的魚肉、獸肉存放在大瓦甕裏，鹽滷數月，即成美味的「上餚」。以上是有關臺灣原住民飲食生活最早的紀錄。

截至2023年初，臺灣官方認定的原住民共有十六族，多分布於花蓮、臺東、屏東、南投、嘉義、新竹一帶。原住民共約五十多萬人，以阿美族人數最多，約占四成；排灣族次之，約兩成；泰雅族占一成五，其餘各族占比都不滿一成。原住民的食、衣、住、行全仰賴自然，他們運用傳統智慧、累積經驗，在山區採集、耕種，更保存不少植物原生種子，這些源於在地風土的食材，全成了日常飲食生活的創意來源。

臺灣原住民主食多以粟（俗稱小米）、小麥、旱稻、甘藷及山芋等作物爲主，並輔以採集的野菜及漁獵之山豬、山羌、溪魚或海產等爲主要食物。現在各國的重要主廚都學習認識原生食材，以烹調設計出具當地特色的食物，以區隔跟異國文化的不同。因此，臺灣的原民食材也成了有別

於異國食材、百分之百能夠代表臺灣特色飲食的重要元素。

如同一般食材一樣，原生食材同樣有季節性與產地的差異性，也造就臺灣各族原住民均有其飲食的特殊性。**表2-1**爲臺灣部分原生食材的產地與季節。

表2-1 臺灣原生食材之產地與產季

食材名稱	產地	產季
翼豆	臺灣東海岸原住民部落	秋、冬
鵲豆	彰化、花蓮、宜蘭等	春、夏
樹豆	花蓮、臺東	春
黃藤心	花蓮光復與豐濱、新北市三芝等	全年
木鱉果（葉）	花東、低海拔森林山區	秋、冬（9-11月）
馬告	新北烏來、新竹尖石、苗栗泰安、南投等	夏（6-8月）
刺蔥	臺灣北、中、東部之中、低海拔山區	秋（10月）
臺灣藜	花蓮新城、屏東、臺東等	春、冬（12-5月）
紅糯米	花蓮光復鄉	夏（6-7月）

資料整理：張玉欣。

以下將原生食材分類並介紹：

一、主食

原住民因各族所在地之相異而有不同的飲食習慣，但原則上來說，主食通常爲小米、地瓜、芋頭，甚至玉米或高粱、旱稻都可能是該族的主食。芋頭、番薯和小米同列臺灣各原住民族過去最常食用的主食，芋頭在每個族群都有不同的名稱，排灣族則稱芋頭爲vasa或wasa，魯凱語爲dreke或ade，達悟族叫sosoli，阿美族則稱爲tali。小米不僅做爲主食，該原料也能製成小米酒，成爲傳統慶典中最重要的飲料。

臺灣紅藜（Taiwanese quinoa）則是在近年來強調代表臺灣東部，即花蓮與屏東的原生食材。雖然藜麥在生物學上的分類與菠菜屬於同科植物，但其實不同屬也不同種，被臺灣人歸於五穀雜糧類。臺灣紅藜和藜麥（quinoa）可以說是同屬不同種，前者是生長在臺灣的原生種，2008年正名爲臺灣紅藜（學名：Chenopodium formosanum Koidz），後者則主要產於安地斯山脈，可分爲白、紅、黑藜麥三種，這種藜麥多少容易和臺灣紅藜搞混，不過兩者原生品種是不同的，在外觀、顏色以及籽大小也有差別。

圖2-1　臺灣原住民的最重要主食——小米

二、野菜

臺灣的十六個原住民族中，阿美族人最擅長野菜，保有豐富的植物野菜文化，最具代表性的傳統野菜食材爲族人戲稱的「十心菜」，包含黃藤心、林投心、芒草心、月桃心、檳榔心、山棕心、甘蔗心、鐵樹心、椰子心、海棗心等十種原生植物，阿美族會取其嫩心作爲菜餚。另外，木鱉葉也是阿美族的傳統食材，新鮮的木鱉葉散發著一股濃烈的草青味，煮熟後帶有微微嗆辣味，可以取代生薑的效果，適合搭配肉類料理。

以夏、秋季爲主要產季的翼豆，吃起來會有些微澀味，翼豆含有豐富的蛋白質，阿美族的原住民經常將它和各種野菜放入湯中一起烹調，成爲重要的營養來源。

不同於阿美族，屏東的魯凱族則會利用花生、日治時期的昭和草、月桃籽與蕗蕎等，這些原生食材也逐漸應用在現代烹調上。

專欄2-1

昭和草的起源

魯凱族語稱昭和草為lasiasina，以前的人不懂得吃昭和草，大部分的蔬菜來自地瓜葉、山萵苣等，直到日治時期，日本人教原住民食用這種植物，才知道是可以食用。外觀是開著紅花、鋸齒葉狀的樣子。在臺灣有個傳說，日本軍機撒下種籽，於是這屬於容易生長而能拯救飢荒的植物成為重要的野菜。

昭和菜是在夏季時候很容易找到的植物，學習辨認後，就可以有多一種填飽肚子的選擇，以前獵人上山都不會帶熟食，一把獵刀，一把鹽，到山裏獵食，也要學習辨識植物，昭和菜往往也都是這些獵人的選擇。

昭和草是蔬菜中重要的配角，它帶有舒服的香氣，去除粗纖維後汆燙，在滾水中加入調味及橄欖油，若再加上水波蛋的潤澤效果，就能夠品嚐到昭和草的自然芳香。也可以將昭和草捲入雞腿肉內酥炸成捲，藉著草葉本有的植物香氣可以讓肉捲的後韻更有不同層次的味覺表現。

參考資料：古佳峻（2022），〈花生與昭和草　與生活不可分割的佐餐良伴〉，《料理・臺灣》，第64期，2022年7-8月。

圖2-2　臺灣的原住民食材——木鱉果

三、調味類

原生食材當中有些適合調味的植物，烹煮起來有特殊風味，相當獨特。以下介紹幾種知名調味食材：

(一)刺蔥

刺蔥如其名，背面的確有刺，因此俗稱爲「鳥不踏」，主要食用部位是它的嫩葉。它有強烈而獨特的香氣。刺蔥葉本身有著類似混合了檸檬、香茅與花椒的香氣，原住民也會將其塞進魚肚裏用以去腥，並增添香氣。

(二)馬告

馬告又稱爲山胡椒，是臺灣的原生種植物，生長地區遼闊，從山區100至1,500公尺海拔處都可能出現。泰雅族、賽夏族是最早使用馬告入菜的族群。原住民也會將其搗碎，泡水飲用以緩解酒醉引起的不適。馬告的果實翠綠，曬乾後呈現黑色的顆粒，帶有濃重的薑與香茅的氣味，有類似黑胡椒調味的功能，十分適合入菜。

圖2-3　一罐罐的馬告（山胡椒）

圖2-4　馬告的利用說明

(三)山當歸

山當歸又稱爲土當歸，主要分布在臺灣中央山脈海拔約1,800公尺至2,800公尺山區。整株山當歸從根到莖、葉都能食用，根與莖也有藥用的功能；其嫩葉本身香氣濃郁，被原住民用以入菜，可以用來炒蛋，也可以煮湯。

(四)土肉桂

土肉桂是臺灣特有的闊葉樹種之一，分布在400至1,200公尺的低海拔區域，1980年代就被視爲肉桂的替代品，其樹皮與枝葉的精油含量高，葉部更比皮精油含量高出五倍。比起進口肉桂多爲乾燥樹皮，臺灣原住民多使用葉部，其含有豐富的肉桂醛具有殺菌、防腐的功效，也可拿來煮湯、泡茶、做甜點。

(五)大葉楠果實

大葉楠是臺灣特有的低海拔闊葉樹，多半生長在溪谷的陰溼地，它的樹皮爲線香與蚊香的原料，由於松鼠、鳥類等會將其果實作爲食物，魯凱族因此發現果實可以食用，但最佳食用方式則是將其曬乾後研磨，爲食物提鮮，可當作「味精」來使用。

四、海（水）產食材

原住民順應居住環境，進而找尋適當食材，除了一般溪流中可捕獲的溪魚外，利用海洋資源最豐富的當屬居住在島嶼的雅美族（達悟族）。雅美族人懂得順應海洋資源的自然變化，發展出屬於自己的歲時祭儀文化。當地每年國曆三月左右，大量飛魚群會隨著黑潮來到蘭嶼海域，捕飛魚成爲該文化的重要象徵，雅美族也依著飛魚出沒的季節，將一年的漁獵活動分為以下三大部分（林欣樺，2015）：

1.飛魚汛期：約國曆2-6月，依次舉行飛魚祭、招魚祭、收藏祭，祈求豐收，漁獵時也只能捕捉洄游魚種，禁捕底棲魚類，並將多的飛魚製成魚乾儲存備用。
2.飛魚終了期：約國曆7-9月，依序舉行小米豐收祭與飛魚終食祭，慶祝各類農、漁穫收成，也結束漁獵飛魚，結束食用飛魚乾等料理，並祈來年再豐收，改捕撈其他魚種食用。
3.飛魚來臨期：約國曆11-1月，此段時間休養生息，以農務活動為主，也包括漁船維修與建造。

五、山產

山豬、山羌等是原住民最常利用，也是一般較為熟悉的原生肉品。但在部落裏，飛鼠肉、蝸牛也是常見的美味野味。例如老一輩的泰雅族人認為，吃野味如食用飛鼠腸，是生活經驗的傳承和智慧，一般處理飛鼠腸，會先以鹽或米飯醃製數天，產生殺菌效果，再去食用，不會直接生吃。

第二節　季節與在地食材

原生食材的知識傳遞在近年來逐漸受到重視，但臺灣仍有相當多的食材是在殖民時期移植至臺灣，如荷蘭、日本等殖民主國家引進如番茄、釋迦、芒果、高麗菜、荷蘭豆等食材至臺灣，現在也成為臺灣的在地食材。

消費者一般喜歡購買臺灣本地的新鮮食材，不僅味美價廉，也在口味上較為熟悉。但「在地、當季食材」不僅能夠提供上述的優點，就當今關注的環境議題而言，「在地食材」能夠縮短食物里程，減少碳排放量，降低對環境的汙染，因此購買在地食材有多重的優勢。以餐廳經營的角度而言，餐廳若能強調「採用在地當季食材」，便無疑展現餐廳對於環境的關懷，盡到社會責任。

臺灣環境資訊協會曾經提到糧食與環境的關係。一個人一生大約吃下50噸的糧食，若能有正確的飲食觀念，在選購食材時能多考慮使用在地食材，少買進口食材，便能對環境多一份友善。如果消費者能選擇以在地食材為主要採購來源的餐廳消費時，更能促使餐廳思考這個食材採購所帶來的意義與影響。

「Sinasera 24」的食材利用理念

「Sinasera 24」以阿美族語「大地」命名，象徵24節氣，顧名思義，就是要讓食客在一年24個節氣裏感受臺東這片土地的風情。

Sinasera 24的食材由餐廳夥伴親自到市場、農家、契作菜園細細挑選，各套餐導入傳統24節氣的概念，如春分、穀雨、小滿等等，以法式料理手法，萃取山林野味，濃縮海洋的鮮美，以最貼近大自然的方式呈現給來訪的客人。

「一個城鎮有很多餐廳，每家餐廳想要表達的理念或方式都不一樣。」而Sinasera 24希望傳遞的是「慢食的概念」、「飲食的重要性」以及「食材根源」，會透過與食客的交流，讓他們瞭解「現在應該要吃什麼」。Sinasera 24或許不像都會餐廳那麼方便抵達，但如果是開車前來，一路上會看到海洋、農田、洛神花等，待會餐桌上就是看到這些食材，感受上會很不一樣。颳風下雨都會影響食材的風味，每位客人吃到的都是當天專屬的味道。

資料來源：https://sinaseraresort.com/sinasera24/

當季食材指的即是最適合這個季節的盛產作物；在這個季節下，當季蔬菜不會有過於嚴重的病蟲害，因此採用慣行農法耕作的農地也不需要噴灑過多農藥，菜就可以長得很好、有很豐富的收成。當季的概念透過連結菜、人類、土地以及氣候環境之間的關係，進而理解當季作物與我們切身的緊密關係。

一個稱職的餐廳掌廚者，除了烹調技術外，更需要對在地、當季食材有所瞭解，知道食材的產出季節與知名產地，才能烹調出價格合理又新鮮美味的菜餚給顧客。

一、早期文獻紀錄的臺灣在地食材

Whitehead（1984）曾提到，食材取得上的限制受到地理環境的重要影響，另外季節的不同也會影響食材的取得。臺灣是一個處在副熱帶季風氣候的島嶼國家，擁有來自海洋與陸地均相當豐富的在地食材。

表2-2爲1971年出版的《臺灣省通志》在〈生活習慣〉篇中介紹當時臺灣傳統市場所販賣的地方食材。從該表內容便可以看到當時對於臺灣食材已有季節性概念。

表2-2　臺灣傳統市場所賣的地方食材

食材類別	季節	食材
蔬菜	春	芹菜、白菜、菜豆、蔥、大蒜、韭菜、竹筍、白蘿蔔、空心菜、過郊菜、紅菜、冬荷菜、香菜、小黃瓜
	夏	茄子、番茄、冬瓜、小黃瓜、空心菜、過郊菜、蔥、韭菜花、竹筍、瓠瓜、匏、肉豆、芋頭、花生
	秋	茄子、番茄、豆芽菜、過郊菜、芹菜、白蘿蔔、蔥、茭白筍、高麗菜、空心菜、花生、小黃瓜、豌豆、敏豆、菠菜
	冬	蔥、大蒜、韭菜、芥菜、白菜、包心菜、甘藍、萵苣、芹菜、菠菜、紅菜、香菜、白蘿蔔、荷蘭豆
	無季節性	蔥、稚薑、薑母、豆芽菜、芥菜、A菜
黃豆與穀類		豆腐、豆乾、豆腸、油條、麵、麵線

（續）表2-2　臺灣傳統市場所賣的地方食材

食材類別	季節		食材
乾菜類			樹菇、香菇、乾蓮子、高麗菜乾、醃菜頭、鹹菜、乾鹹菜、曝菜、郭魚乾、豆乾
醃漬			鹹鴨蛋、皮蛋、豆腐、鹹白魚、鹹鮭魚、加冬仔鮭、烏玗鮭、鹹薑、菜頭、菜心、醃黃瓜、鹹菜、豆腐乳
魚和軟體動物	鹹水（海）		蚵、蝦、蟹、蛤、旗魚、鯧魚、烏賊、鱉魚、 加蚋魚、赤鯮、飛烏、烏魚、九母、黃花魚、海鰻、白帶魚、四破魚、大目孔魚、魩仔魚
	淡水		草魚、鰱魚、脫紗魚、代魚、鯽魚、鱸魚、鰻魚、蝦、鱔魚、香魚、蜆、鱉

資料來源：李汝和編（1971），《臺灣省通志》。

臺灣因為殖民歷史的特殊因素，在不同的殖民時期引進不同的作物，因此出現與中國大陸南方在食材上的利用差異性。例如荷據時期的荷蘭豆、日治時期移植的高麗菜與菠菜等；日本人在日治時期也引進四破魚、鮭魚等魚類食材。

二、現代臺灣的在地食材

能熟悉臺灣食材的季節性，是一個在臺灣執業的專業廚師必備的基本知識。這幾年在臺灣出現「風土」概念，在地食材逐漸與臺灣各產地或建立的品牌進行緊密結合，如與產地結合的高雄旗山香蕉、宜蘭三星蔥，抑或是新北的萬里蟹之品牌概念等。**表2-3**、**表2-4**分別將臺灣在地生產的蔬菜與水果與搭配傳統指導農事的傳統節氣與產地、四季進行連結，可以一目瞭然認識臺灣的在地蔬果，便能正確運用在菜單的設計與研發。

表2-3 臺灣在地蔬菜與節氣、產地、產季之關係

節氣	蔬菜名	產地品牌／其他產地	產季
立春	蔥	產地品牌一宜蘭三星蔥 其他產地一雲林臺西、虎尾，彰化伸港、溪湖等	2月
立春	萊豆	產地品牌一臺南麻豆皇帝豆 其他產地一臺南善化，高雄大社，屏東九如、鹽埔等	1-3月
立春	莧菜	產地品牌一雲林二崙鄉莧菜 其他產地一屏東、嘉義、板橋與蘆洲、臺中田尾等	4月
立春	鼠麴草	產地品牌一無 其他產地一臺灣山野間	3-4月
立春	箭筍	產地品牌一花蓮光復鄉箭筍 其他產地一新北市石門、金山、三芝，花蓮萬榮等	3月下旬至4月下旬
立春	韭菜	產地品牌一彰化韭菜 其他產地一彰化埤頭、社頭，花蓮吉安，宜蘭員山	2月
立夏	蘆筍	產地品牌一臺南安定蘆筍 其他產地一臺中、彰化、嘉義等	3-11月
立夏	蕹菜	產地品牌一南投名間水蕹菜 其他產地一彰化、南投埔里、竹山、名間等	4-5月
立夏	豇豆	產地品牌一屏東豇豆 其他產地一高雄、屏東、彰化等	6-7月
立夏	瓠瓜	產地品牌一屏東瓠瓜 其他產地一桃園大園、高雄杉林、屏東高樹等	6-8月
立夏	絲瓜	產地品牌一嘉義新港絲瓜 其他產地一臺南、高雄，屏東、澎湖等	7-11月
立夏	苦瓜	產地品牌一屏東崁頂白玉苦瓜、屏東九如山苦瓜 其他產地一高雄大寮、屏東鹽埔等	5-10 月
立秋	竹筍	產地品牌一臺中大坑麻竹筍、桃園復興鄉綠竹筍 其他產地一南投竹山、臺北觀音山、臺南關廟等	5-9月
立秋	芋頭	產地品牌一臺中大甲芋頭 其他產地一高雄甲仙、苗栗公館	9-4月
立秋	筊白筍	產地品牌一南投埔里筊白筍 其他產地一新北三芝、金山，南投埔里、魚池。	9-11月
立秋	蓮藕	產地品牌一臺南白河蓮藕 其他產地一無	10-11月
立秋	山藥	產地品牌一臺北陽明山山藥 其他產地一南投名間、雲林、基隆等	10-3月
立冬	大白菜	產地品牌一雲林大白菜 其他產地一彰化、雲林、嘉義等	11-5月

（續）表2-3 臺灣在地蔬菜與節氣、產地、產季之關係

節氣	蔬菜名	產地品牌／其他產地	產季
立冬	高麗菜	產地品牌—臺中梨山高麗菜 其他產地—南投、彰化、雲林等	11-3月
立冬	花椰菜	產地品牌—彰化埔鹽花椰菜 其他產地—苗栗後龍、嘉義新港等	11-3月
立冬	茼蒿	產地品牌—雲林二崙鄉茼蒿 其他產地—彰化、嘉義	1-3月
立冬	菜頭	產地品牌—高雄美濃白玉蘿蔔 其他產地—新竹五峰，臺中清水，彰化福興、二林等	12-2月

資料來源：種籽設計作（2012），《廿四分之一挑食：節氣食材手札》。資料整理：張玉欣。

圖2-5 高麗菜在臺灣是最受歡迎的蔬菜之一

專欄2-3 臺灣在地特產──愛玉子

愛玉子又稱「玉枳」，為常綠蔓性藤本植物，原生於山中800-1,800海拔公尺，最早在嘉義山中被發現。連雅堂在1921年的著作《臺灣通史》〈農業志〉中即有記載愛玉子名稱的來源。

> 愛玉子：產於嘉義山中。舊志未記載其名，道光初，有同安人某居於郡治之媽祖樓街每往來嘉義，採辦土宜。一日，過後大埔，天熱渴甚，溪飲，見水面成凍，掬而飲之，涼沁心脾，自念此間暑，何得有冰？細視水上，樹子錯落，揉之有漿，以爲此物化也。拾而歸家，以水洗之，頃刻成凍，和以糖，風味殊佳，或合以兒茶少許，則色如瑪瑙。某有女曰愛玉，年十五，楚楚可人，長日無事，出凍以賣，飲者甘之，遂呼爲愛玉凍。自是傳遍市上，採者日多，配售閩、粵。按愛玉子，即薜荔，性清涼，可解暑。

資料來源：〈愛玉子的由來〉，農業主題館，https://kmweb.coa.gov.tw/subject/subject.php?id=24496

圖2-6 愛玉子

表2-4　臺灣在地水果與節氣、產地、產季之關係

節氣	水果名	產地品牌／其他產地	產季
立春	草莓	產地品牌─苗栗大湖草莓 其他產地─苗栗公館、卓蘭，南投國姓，臺中潭子等	12-4月
立春	楊桃	產地品牌─屏東里港福興楊桃 其他產地─南投國姓、苗栗卓蘭、彰化員林、臺南楠西	6-4月
立春	香蕉	產地品牌─高雄旗山香蕉 其他產地─嘉義中埔、臺南南化、高雄美濃等	全年產，春季特有滋味
立春	青梅	產地品牌─南投信義梅子 其他產地─高雄寶來、臺東東河等	4-5月
立春	番茄	產地品牌─高雄路竹番茄 其他產地─嘉義民雄、溪口、水上，高雄阿蓮等	3-4月
立春	枇杷	產地品牌─臺中大湖桶枇杷 其他產地─臺中新社、和平，臺東太麻里，南投國姓	3月
立夏	水蜜桃	產地品牌─桃園拉拉山水蜜桃 其他產地─桃園復興、臺中和平、南投仁愛等	5-6月
立夏	荔枝	產地品牌─高雄大樹玉荷包 其他產地─臺南南化、高雄旗山、屏東內埔等	5-6月
立夏	芒果	產地品牌─臺南玉井愛文芒果 其他產地─臺南南化、楠西，高雄六龜等	6-7月
立夏	西瓜	產地品牌─雲林二崙西瓜 其他產地─臺南、花蓮、屏東等	5-8月
立夏	木瓜	產地品牌─屏東高樹木瓜 其他產地─嘉義中崙、臺南大內、高雄美崙	7-11月
立夏	鳳梨	產地品牌─臺南關廟金鑽鳳梨、嘉義民雄牛奶鳳梨 其他產地─臺南新化、高雄大樹、屏東高樹	4-8月
立秋	龍眼	產地品牌─臺南東山龍眼 其他產地─高雄、嘉義、彰化等	7-9月
立秋	文旦柚	產地品牌─臺南麻豆老欉文旦柚 其他產地─臺南大內、嘉義竹崎	8-9月
立秋	火龍果	產地品牌─臺中外埔火龍果 其他產地─彰化二林、臺南等	7-11月
立秋	梨子	產地品牌─臺中梨山水梨 其他產地─臺中東勢、新竹芎林、苗栗三灣	7-9月
立秋	橄欖	產地品牌─新竹寶山橄欖 其他產地─南投	10月
立秋	柿子	產地品牌─臺中東勢柿子 其他產地─南投信義、仁愛、中寮，新竹五峰等。	10-11月

（續）表2-4　臺灣在地水果與節氣、產地、產季之關係

節氣	水果名	產地品牌／其他產地	產季
立冬	釋迦	產地品牌—臺東釋迦 其他產地—臺東太麻里、臺南歸仁	10-11月
立冬	葡萄	產地品牌—苗栗卓蘭葡萄 其他產地—臺中新社、彰化埔心、南投信義等	11-2月
立冬	金柑	產地品牌—宜蘭金柑 其他產地—宜蘭員山、礁溪等	11-3月
立冬	椪柑	產地品牌—嘉義竹崎椪柑 其他產地—嘉義梅山、大林，臺南東山等	11-12月
立冬	蓮霧	產地品牌—屏東林邊黑珍珠蓮霧 其他產地—高雄六堆、屏東里港等	12中旬-4月
立冬	蜜棗	產地品牌—高雄大社牛奶蜜棗 其他產地—嘉義竹崎、臺南南化、高雄燕巢等。	12-2月

資料來源：種籽設計作（2012），《廿四分之一挑食：節氣食材手札》。資料整理：張玉欣。

圖2-7　南投盛產百香果

圖2-8　南臺灣如高雄旗山等地盛產香蕉

圖2-9　火龍果引進臺灣後也大量種植，成為在地水果

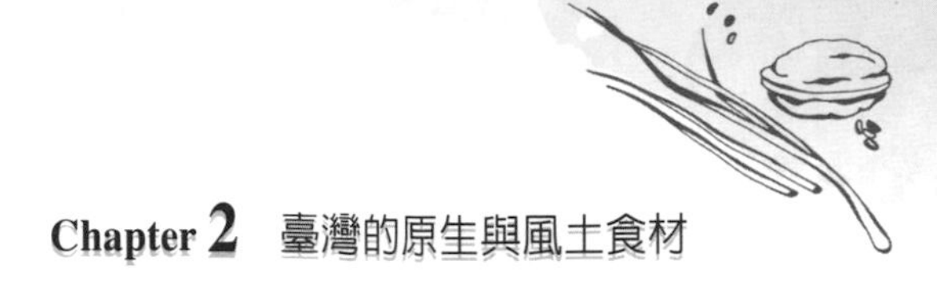

三、漁獲的季節性

臺灣人的飲食生活中，有關魚類喜好，鮭魚已經竄升至第一名。這不僅跟進口商的行銷策略有關，但卻也間接改變國人的飲食習慣。這些進口鮭魚、大比目魚（假鱈魚）、挪威鯖魚成為市場主流，逐漸取代本地魚種。如果要回歸海島的海洋文化與食魚教育，一般消費者甚至餐飲經營者都必須學習認識臺灣季節性的魚類與其他海鮮，重新在海鮮類的在地食材紮根教育。消費者應盡量選擇提供臺灣本地漁產的餐廳店家，進而幫助在地的水產從業人員，也避免進口海鮮、放大食物里程。

臺語俚諺說「春鮸冬嘉鱲」，即稱春天適合吃鮸魚，冬天則是嘉鱲魚。可見早期的臺灣人便在魚類的飲食上便有季節性概念。**表2-5**為臺灣的魚類與海鮮在季節上的捕撈與養殖明細，可作為認識海產季節性消費的參考。

表2- 5　臺灣魚類與海鮮之季節、產地與分布

季節	名稱	產地	海域分布
全年皆有	虱目魚（海草魚、安平魚、虱麻魚）	雲林縣、嘉義縣、臺南市、高雄市、屏東縣	養殖
	草魚（鯇魚、念仔魚、廉仔、鯤魚、黃骨魚）	桃園市、雲林縣、嘉義縣、臺南市、新竹縣、南投縣	養殖
	鯰魚	宜蘭縣、桃園市、雲林縣、臺南市、屏東縣	養殖
	鰹魚	基隆市、花蓮縣、臺東縣、宜蘭縣、臺南市	臺灣各海域皆產，尤其是東部及南部海域
	飯鯛（俗稱盤仔）	新竹市、臺中市、高雄市、臺南市	臺灣分布於北部、東北部及西部海域
	日本真鱸（七星鱸、花鱸、青鱸、鱸魚）	雲林縣、嘉義縣、臺南市、高雄市、屏東縣、新北市、馬祖、金門	臺灣分布於北部及西部海域，可人工養殖
	吳郭魚	臺北市：士林、北投；新北市：石門、雙溪、貢寮、瑞芳、平溪、三芝、汐止、金山；新竹：	臺灣分布：東部、西部、南部、北部、東北部、澎湖、小琉球。大多人工養殖

（續）表2- 5　臺灣魚類與海鮮之季節、產地與分布

季節	名稱	產地	海域分布
全年皆有	吳郭魚	湖口、芎林；桃園：大溪；宜蘭：蘇澳、礁溪、冬山；屏東：恆春；花蓮：新城、光復；南投：竹山、民間；彰化：二水；金門；馬祖	
	白帶魚	基隆市、新竹市、宜蘭縣、高雄市、新北市	東部、西部、南部、北部、東北部、澎湖、小琉球
春季	鯢魚（鯢仔、敏魚）	新竹市、新竹縣、彰化縣、馬祖、金門	西部、北部、東北部
	日本竹筴魚（真鰺）		臺灣各地沿岸
	其他海鮮	火燒蝦、花蟹	
夏季	鰻魚（河鰻、青鱔）	南部養殖較多（春夏季節盛產）	北部、中部、南部、恆春半島、東部、蘭嶼、綠島
	鬼頭刀	宜蘭縣、屏東縣、臺東縣、高雄市、花蓮縣	東部、西部、南部、北部、東北部、澎湖、小琉球、蘭嶼
	飛魚	臺東縣、屏東縣、宜蘭縣	東部、南部、蘭嶼
	白腹鯖（花飛、青輝）	宜蘭縣、苗栗縣、新北市、基隆市、臺東縣	東部、西部、南部、北部、東北部、澎湖、小琉球、蘭嶼
秋季	小黃魚（黃魚、小黃瓜）	彰化縣、馬祖、金門	臺灣西部及澎湖沿海偶可見。
	嘉鱲魚（正鯛、加臘）	澎湖縣、基隆市、新竹市、宜蘭縣、新北市、馬祖、金門	西部、南部、北部、東北部、澎湖
	日本馬頭魚（馬頭、方頭魚）	新北市、宜蘭縣、臺中市、花蓮縣、高雄市	西部、北部、東北部、澎湖
	其他海鮮	尖梭、石狗公、文蛤、海瓜子、草蝦、青蟹	
冬季	白鯧	新竹市、臺中市、桃園市、高雄市、苗栗縣	臺灣西部
	鯔魚（烏魚、正烏、信魚）	基隆市、新北市、新竹市、臺中市、嘉義縣、臺南市、高雄市、屏東縣、臺東縣、花蓮縣、宜蘭縣	東部、西部、南部、北部、東北部、澎湖。已有人工養殖。
	大黃魚（黃魚、黃瓜、黃花魚）	高雄市、花蓮縣、臺中市、新竹市、馬祖、金門	臺灣西部沿海偶可見
	其他海鮮	紅猴、白毛、三點蟹、斑節蝦、劍蝦	

資料來源：臺灣魚類資料庫、農業知識入口網。資料整理：張玉欣。

圖2-10　臺灣海鮮多樣，透抽與吻仔魚很受在地人歡迎

圖2-11　臺灣在地魚類

圖2-12　三點蟹是臺灣北海岸知名海產

第三節　品牌與風土食材

風土（terroir）一詞源自於法文的terre，意指農產品在生產過程中所有環境因素的總稱，包括土壤、氣候、日照以及人文習俗等，其中最著名例子是法國生產的「紅酒」，如波爾多產區的紅酒，或是香檳區產出的香檳酒，不同地區生產的各類型紅酒皆有其特色風味。Terroir的觀念也適用於解釋其他農畜產品的生產與製作，以歐洲爲例，特色食物——「起司」（cheese）便是深受地形、氣候、乳源以及製作技術，而有各產地的不同風味。

這幾年來，臺灣出現農漁畜牧等的專業職人，他們結合「風土」與「技術」（techniques），培育出既在地又風味絕佳的農漁畜牧產品。相較於傳統業者的經驗傳承，新生代業者有不少人從科技與生醫領域跨界而來，他們受到本身專業知識的引導，將大量的技術元素導入傳統行業，成為「跨界新創者」，形成十分特殊的專業職人。以下將介紹臺灣一些傳統農漁牧之食材，由這些新生代經營者建立起具「臺灣風味」的在地食材品牌，不僅能帶給消費者品質上乘的食物，也能夠藉由品牌概念行銷臺灣食材到世界各地。

一、畜牧

(一)豬肉品牌

臺灣因爲西餐的行銷推廣，讓西班牙「伊比利豬」在臺灣餐飲業備受歡迎。另外，匈牙利有「綿羊豬」、沖繩有「阿古黑豬」，臺灣也於數年年出現由祥圃實業集團建立的「究好豬」（Choice Pig）之臺灣品牌，已經是許多高級餐廳的首選，究好豬在疫情期間也與臺北的「東亞小廚」餐廳結合雙品牌販賣冷凍食品，如紅燒獅子頭便是利用究好豬的優質豬肉加上東亞小廚的專業廚食成就一道美食。

而另一品牌「平埔黑豬」，是以臺灣歷史血緣作爲連結，稱其爲臺灣最原始的品種。平埔黑豬爲99%臺灣原生黑豬孕育，不僅經過長達十年的時間找到其原始品種的DNA，也利用現代「大數據」科技進行豬隻管理與研發。由於早期平埔族喜歡用黑豬作爲祭祀與慶典的肉類，黑豬與臺灣平埔族有緊密關係，因此在業者研究臺灣純種黑豬DNA的過程中，進行育種與繁殖，並命名爲「平埔黑豬」。

另外，臺灣的大成集團也飼養出獨特的豬隻品牌，稱爲「黑蜜豬」，其爲桐德黑豚二世。這些品種再升級的黑豚肉帶領臺灣的豬肉市場到品牌概念的經營模式。相較於其他經濟動物，豬的飼養在臺灣有悠久的歷史，也與許多傳統有密切的關係，人文與地理均反映出臺灣豬隻的地方風土特色。

圖2-13　究好豬——臺灣品牌

圖 2-14　平埔黑豬的品牌照

資料來源：https://dayupshop.com/

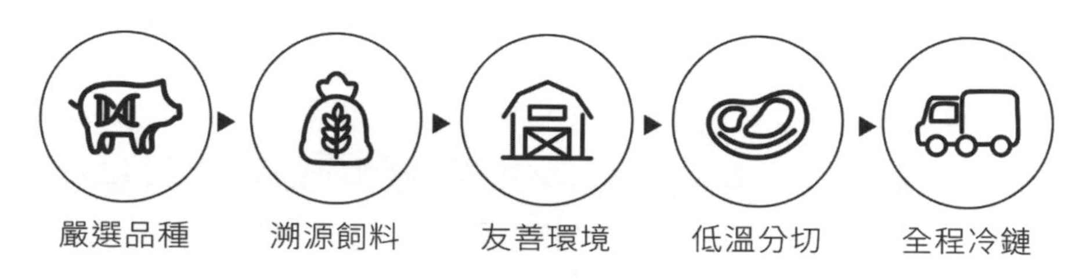

圖 2-15　究好豬的理念與經營哲學

資料來源：https://www.cmkt.com.tw

(二)牛肉

荷據時期即由荷蘭人自印度引進黃牛協助種稻，是臺灣開始有牛隻的開端。到了漢人移墾與日治時期，則引進水牛，當時牛隻為黃牛和水牛並存，並作為農作與運輸等勞動力使用。

二次戰後，臺灣推動「乳用」與「肉用」牛隻的培育，並在1970年代引進源自荷蘭的「荷斯登牛」（Holstein Cattle、荷蘭乳牛）。政府則在1972年起設立肉牛專業區，1974年開放牛肉進口，1978起國產牛肉與進口牛肉逐漸產生區隔，國產牛肉市占率近十年來一直穩定維持於7-8% 之間。

芸彰牧場成立「番薯牛」的品牌，與臺灣知名番薯業者「瓜瓜園」

合作，以番薯餵養牛隻，牛肉產生特殊風味。由於番薯營養好，又可代替進口飼料，成效甚佳，成爲臺灣牛肉品牌的一大特色。

其他如「憨吉牛」等類似品牌，則是由農委會輔導農科院及地方產業合作，以益生菌混合格外品（規格外農作物，通常爲賣相不佳農作物）的番薯取代原飼料餵養，肉牛的油花表現更好，油花達Choice、Prime等級，飼養成本也降低，使用該飼料的牛隻被命名爲「憨吉牛」。

二、漁業

水產品的風土差異也因臺灣身爲一個島國，使得海鮮類食材有相當的程度連結風土。臺灣的海（水）產目前仍以地方名稱結合食材做爲推廣爲主。

(一)蚵仔

金門的潮間帶石蚵，尺寸較小，但口感緊實；澎湖的海上吊掛牡蠣，則碩大肥美；嘉義外傘頂洲的「浮筏式牡蠣」，滋味豐富。

(二)白蝦

國產的白蝦可由色澤與味道區分。臺南半淡鹹水魚蝦混養的白蝦，煮熟後色淺味甘；臺東純海水室外單一養殖的白蝦，煮熟後顏色紅艷，鮮味濃郁。

(三)魚類

臺灣目前出口最多的魚種爲虱目魚、鱸魚以及吳郭魚（臺灣鯛魚）。但現在也有特別以海水圈養的魚類也成立品牌，例如位在澎湖的「天和養殖」。

(四)螃蟹

新北市於2012年推出「萬里蟹」之在地品牌，經過數年的行銷推廣，成功推出臺灣海洋的風土品牌。以下是萬里蟹官網所提供的品牌介紹。

認明萬里蟹

臺灣餐桌上有八成的海蟹，都是萬里漁民辛苦捕撈而來的漁獲！什麼是萬里蟹？在這裏，教您認出正牌萬里蟹！

一、餐廳商家——認明萬里蟹Logo

2013年萬里蟹品牌logo——為了強調萬里蟹天然鮮猛的特色、本土在地的產區形象，並突顯萬里蟹與進口蟹、養殖蟹的品質差異，新北市政府在既有的品牌形象字之外，特別委請新生代設計師、中華民國設計師協會理事長陳秉良，為萬里蟹量身打造全新的商用識別標章（紅色萬字蟹），並由朱立倫前市長授予市府相關局處，應用在各通路及產業行銷上。

2012年萬里蟹品牌意象——於2012年8月，萬里蟹品牌成立之初，為了突顯臺灣海蟹的獨特滋味與其珍貴性，新北市政府特別禮聘當代書畫大師、觀光局TAIWAN logo設計者徐永進老師，融合萬里崢嶸山勢、奇岩海岸、海天一色、生猛海蟹於一，創作出意境鮮活的品牌形象字，做為萬里蟹向世界發聲的主要意象。這也是名聞國際的徐永進大師，首次以臺灣食材為素材發想的創作。

圖2-16 萬里蟹的標誌

二、選購活蟹——三點認明萬里蟹

1.認識蟹種

萬里蟹指的是在臺灣海域捕捉的三種野生海蟹：花蟹、三點蟹、石蟳；養殖的紅蟳、大閘蟹不算數，進口的帝王蟹當然也不是。中南部很常見的「遠洋梭子蟹」（俗稱花腳蟹），還有北部市場偶見的「三疣梭子蟹」（俗稱金門蟹），這兩種蟹雖也屬海蟹，但不屬於萬里蟹，捕撈者及捕撈方式也完全不同。

2.認活蟹

全臺唯一專職捕蟹的萬里漁夫，他們採用與阿拉斯加或日本漁夫一樣的「蟹籠誘捕」法，所以捕上來、運上岸的都是活跳跳的蟹蟹，在漁市或餐廳販售，也是活蟹提供，不論鮮美度及品質都不輸國外的帝王蟹或鱈場蟹。但仍有部分外地漁夫，是以較具侵略性的拖網形式作業，拖上來的蟹，以舖在碎冰上的現流貨形式供應，在鮮度及飽肉度都差活蟹很大一截。

3.認綠繩

萬里專業漁夫以蟹籠誘捕海蟹，有共識執行「抓大放小、繁殖期不抓抱卵母蟹」的保育政策，這些漁夫會以獨特的螢光綠繩來綁萬里蟹，並受到新北漁業主管機關的輔導監督。如果蟹蟹身上是綁其它顏色或材質的繩子，極可能來自外地，或非專業捕蟹者捕撈，無法確認品質及捕撈方式是否合乎生態保育政策。

三、為什麼是螢光綠繩綁的「綠色蝴蝶結」？

萬里蟹的共同點，除了由萬里漁夫在不同漁場捕撈上岸，還有一個共同特徵：大家身上都綁著綠色蝴蝶結！

萬里蟹經由蟹籠誘捕進籠，再由漁夫拉籠上船後，一隻隻活跳跳的鮮猛活蟹一倒出籠，馬上就被漁夫來個「降蟹十八綁」，一隻隻固定妥當後，再送入漁船活水艙貯養。有趣的是，只要是萬里漁夫，大家都約定俗成地採用螢光綠的三股特多龍繩來紮綁，也因此這特殊的圓綠繩，就成為「萬里蟹」最顯眼的身分證！

一般養殖蟹（如紅蟳、菜蟳、處女蟳）多採用紅或藍色的扁尼龍繩來細綁，進口的帝王蟹或黃金蟹常用橡皮圈固定蟹鉗，大閘蟹則常用水草繩、麻繩或棉繩。萬里漁夫因向同一家繩子工廠採購特多龍繩來綁萬里蟹，所以只要在水缸裏看到「綁綠色蝴蝶結」的三種海蟹，就保證是名副其實的萬里蟹！

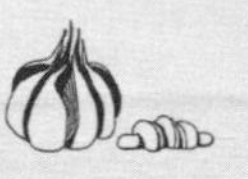

資料來源：萬里蟹，https://www.wanlicrab.tw/explore/ci

圖2-17 蚵仔煎已經是臺灣知名小吃

圖2-18 蚵仔煎的主角——蚵仔，主要來自南臺灣的養殖

三、稻米

臺灣的蓬萊米是目前國人最常食用之主食，例如花蓮富里鄉的有機米、臺東關山鎮的關山米、池上鄉的池上米都相當知名。臺東「池上米」是臺灣目前唯一有清楚規範的價值系統。池上米具有以下四個保證：

1.產地保證，米生產自池上鄉行政區域內。
2.安全保證，農家收割兩週前要通報鄉公所，公所派員至田間抽驗農藥殘留，合格者才能收割入倉。
3.品質保證，每一包米須符合CNS國家稻米標準和食味值規範。
4.產量保證，每一包米都有流水編號，可查驗來源。

因爲有明確的規範，池上米在市面上就是品質保證，深受消費者喜愛。

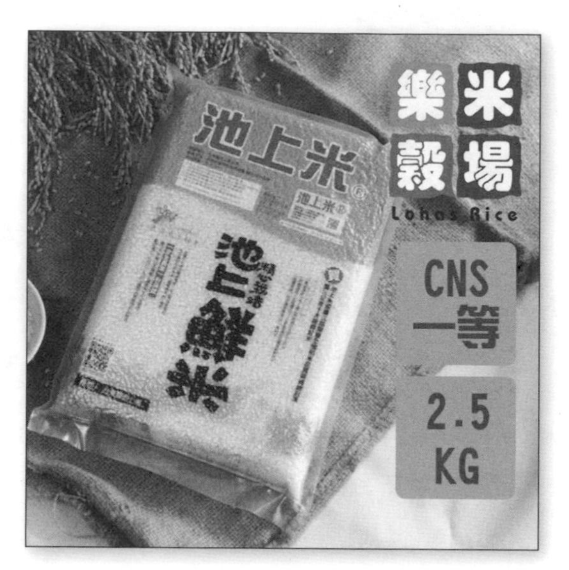

圖2-19　獲得CNS一等的池上米

照片來源：https://24h.pchome.com.tw

圖2-20　池上飯包紀念館擠滿購買池上便當的消費者

參考文獻

一、中文部分

Adrian Bailey著，陳系貞譯（1999），《大廚食材完全指南》，臺北市：貓頭鷹出版社。

〈地瓜品種知多少　農委會列4大分類詳解〉，自由健康網，2021年6月17日，https://health.ltn.com.tw/article/breakingnews/3572011#:~:tex，瀏覽日期：2022年9月6日。

〈愛玉子〉，農業主題館，https://kmweb.coa.gov.tw/subject/subject.php?id=24496，瀏覽日期：2023年3月16日。

文檔庫，http://www.wendangku.net/doc/011f91194bfe04a1b0717fd5360cba1aa9118c18.html，瀏覽日期：2022年9月8日。

古佳峻（2022），〈花生與昭和草　與生活不可分割的佐餐良伴〉，《料理・臺灣》，第66期，2022年11-12月。

平埔黑豬，https://dayupshop.com/平埔黑豬/，瀏覽日期： 2022年12月8日。

行政院原住民委員會，https://www.cip.gov.tw，瀏覽日期：2022年9月10日。

何撒娜主編（2022），〈一起來吃魚〉專題，《料理・臺灣》，第66期，2022年11-12月。

呂自揚（2021），〈臺灣何時開始有牛？〉，https://talk.ltn.com.tw/article/paper/1430757，瀏覽日期： 2022年12月8日。

李汝和編（1971），《臺灣省通志》。

汪玉貞（2012），〈農業100年精華－揭開臺灣畜牧歷史展風華〉，https://www.coa.gov.tw/ws.php?id=2445338，瀏覽日期：2022年12月8日。

林欣樺（2015），〈民俗信仰中的魚〉，臺灣魚類資料庫，https://fishdb.sinica.edu.tw/chi/culture/a6.php，瀏覽日期：2022年12月12日。

林紫馨（2020），〈番薯格外品飼養牛　臺灣培育「憨吉牛」〉，大紀元，https://www.epochtimes.com/b5/20/11/20/n12563687.htm，瀏覽日期：2022

年12月8日。

張玉欣（2020），《飲食文化概論》（第四版），新北市：揚智文化。

莊傳芬（2022），〈黃藤心與木鱉葉　食用又實用的原住民植物〉，《料理．臺灣》，第63期，2022年5-6月。

陳其農（2015），〈食農教育教案培訓營／吃當季、吃在地〉，https://www.huf.org.tw/essay/content/3035，瀏覽日期：2022年12月6日。

曾齡儀主編（2022），〈風土食材X品牌創新〉專題，《料理．臺灣》，第62期，2022年3-4月。

萬里蟹，https://www.wanlicrab.tw/explore/ci，瀏覽日期：2023年1月1日。

農業知識入口網，https://kmweb.coa.gov.tw/theme_data.php?theme=production_map&id=199，瀏覽日期：2022年12月12日。

種籽設計編（2012），《廿四分之一挑食：節氣食材手札》，創意市集。

劉光瑩、呂國禎（2017），〈海鮮／臺灣四季海鮮指南：如何在對的時間，吃對的海鮮？〉，https://www.cw.com.tw/article/5080981，瀏覽日期：2022年12月12日。

衛生福利部國民健康署，https://www.hpa.gov.tw/Pages/Detail.aspx?nodeid=544&pid=7，瀏覽日期：2022年9月8日。

蘿拉．洛威（Laura Rowe）著，鄭百雅譯（2016），《看得見的滋味：老饕必懂的食材與美食歷史、文化、食譜、料理技巧、最新潮流》，臺北市：漫遊者文化。

二、外文部分

Whitehead, T. L. (1984), Sociocultural Dynamics and food Habits in a Southern Community. IN DOUGLAS, M. (Ed.), *Food in Social Order*. New York, Russell Sage Foundation.

異國的特色食材

- 亞洲

- 歐洲
- 美洲
- 大洋洲、非洲

臺灣的餐飲市場蓬勃發展，異國餐廳更是五花八門。許多異國餐廳爲了提供更道地的餐食，紛紛自國外採購食材。但你對國外食材瞭解多少？從國外進口的食材中，有常常利用的馬鈴薯、鮭魚或是牛肉，但也有少見的手指香檬、鱷魚肉或者是西班牙米等。本章將挑選部分國外食材，可能是在臺灣常見的，但也有僅餐飲業者在利用的國外食材。透過這些食材的介紹，包括食材的歷史源起、文化背景、在當地使用的烹調習慣，以及烹調技術的應用等，讓讀者對食材能有更深層的認識。

本章將依照世界各洲別，以食材的分類，包括肉類、海鮮、蔬果、香（草）料與奶類等區分，依序在各節進行介紹。

第一節　亞洲

在本節中，將挑選日本和牛、韓國泡菜、印度咖哩，包括香辛料等三大項食材，進行文化背景的深入介紹，從中可看到該食材在原生地的發展，甚至傳遞至世界各國，並在當地產生的在地食文化的紮根與影響。

一、日本和牛

日本和牛於2017年開始進口來臺，臺灣餐飲業瞬間炒熱日本和牛的話題。但一客A5等級的日本和牛牛排動輒萬元起跳，比美、澳和牛貴上許多。這麼高單價的食材要怎樣吃才是最適當又不浪費呢？接下來就讓我們一起來認識和牛，才能在消費該食材的同時，同時認識其文化與歷史緣由。

(一)和牛的源起

和牛的「和」指的是日本，「和牛」即是指「日本大和民族的牛」。傳說在江戶時代（1603-1868）的兵庫縣北部有一個山谷地形的小代村，住在當地的村民並不富裕，村裏有位牧羊人前田周助希望改飼養牛來改善家裏的生活。周助在當時賣掉家當，買了一頭三歲的母牛並認眞地飼養，他相信唯有「好母牛才會生出好牛」，後來成功生產了一頭優質牛。早期在小代村生產的牛都稱爲「小代牛」，也因爲此村落位在但馬地區，後來在這個地區出生、飼養、屠宰的牛都稱爲「但馬牛」，也代表日本和牛的純正血統。

(二)和牛的身分履歷

和牛共有黑毛和種、褐（紅）毛和種、無角和種和日本短角種等四個品種，其中黑毛和種占日本生產量的百分之九十，稱爲「黑毛和牛」，「但馬牛」便是黑毛和牛。

但什麼樣的牛才算是血統純正的和牛呢？根據日本的「公正競爭規約」提到，凡是上述四種品種交配或互相交配生出來的牛都可稱爲和牛，這些和牛再交配生出的牛也屬於和牛。也因爲要確認其血統，生下來的牛都需要紀錄一份「血統證明」，也就是每頭牛的身分證。

一般我們常聽到「神戶牛」、「飛驒牛」、「石垣牛」等，指的不是和牛的品種，而是產地，或是產地象徵的品牌。

(三)和牛也有等級差異

和牛的等級是由「日本食肉格付協會」統一制定規範。和牛以A、B、C來區分等級，在去除內臟、皮之後，從一頭牛身上可取得的食用肉比例多寡來給予分級，其中A級指的是比例在72%以上，B級則是69-71%，C級則是指少於69%。英文字母後的數字則是按照脂肪比例、紋理、顏色、光澤等，以1到5分做評分，5分是最高、1分是最低，因此A5即是最高等級的日本和牛。

如果和牛等級是以M1至M9表示，則此爲澳洲和牛的分級系統，M9爲澳洲和牛的最高級，與日本和牛的分級系統有所不同。

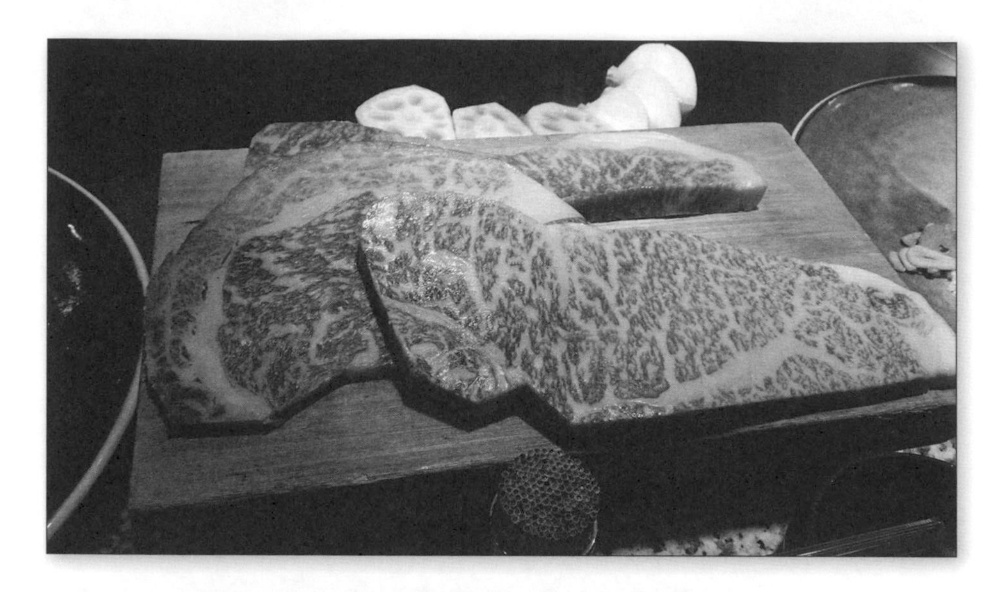

圖3-1　神戶和牛鐵板燒餐廳所展示的最高等級A5和牛

(四)和牛的烹調法

由於和牛源自日本，為了讓稀有、高級的和牛能夠在烹調上發揮其大理石油花（霜降）的鮮嫩口感之特質，日本發展出多種和牛烹調法，最常見的有日式鐵板燒、涮涮鍋和壽喜燒，甚至有和牛生魚片的吃法。在日本也吃很多以小腸為主的和牛內臟，因此在餐廳也可以點選內臟火鍋。但在歐美國家，大部分的餐廳仍然習慣以烹調牛排的料理手法來享受和牛大餐。

(五)美國與澳洲的和牛

在八〇年代末至九〇年代，日本為了確保黑毛和牛能夠有安全的生存數量，於是將221隻黑毛和牛運送到美國與澳洲，希望透過當地的繁殖培育，讓黑毛和牛能夠永續傳承。也因為這樣，美、澳兩國在早期即有機會培育並飼養日本和牛。

澳洲和牛協會指出，基本上澳洲的飼養系統仍以生產全血統和牛爲主，但因爲市場需求考量，也有全血統和牛與其他非和牛品種（如安格斯牛）交配所生出的和牛。但在美國或是澳洲生產的和牛都已經掛上該國家的名稱，與日本和牛有所區別。

二、韓國泡菜

韓國泡菜（kimchi）在2021年將中文名稱改爲「辛奇」，但仍受到許多人士的反對，並請願改回原來的「韓國泡菜」。這個代表韓國飲食文化的象徵，現在在華人世界仍習慣稱之爲「韓國泡菜」，西方國家則直接以kimchi稱之。以下爲韓國泡菜的歷史、製作的方式，以及獲得聯合國非物質文化遺產的榮耀之過程。

(一)韓國泡菜的歷史

韓國泡菜的起源可以追溯到三國時期，當時就已經知道如何發酵蔬菜。由於佛教在新羅王朝（西元前57年–935年）十分盛行，泡菜隨著佛教的素食文化在全（韓）國流行起來。泡菜本來是不辣的菜餚，十七世紀初，葡萄牙商人將辣椒引入東亞，到了十九世紀，韓國人開始將辣椒應用在泡菜製作。我們現在看到紅通通、布滿辣椒粉的泡菜，都是在十九世紀之後的改版。

(二)泡菜食材

泡菜是韓國最具代表性的食物，種類多達上百種。從韓國的早期食譜可以看見泡菜食材的演進。約在十八世紀，韓國人主要使用小白蘿蔔（ponytail radish）、小黃瓜和小黃魚等食材來製作泡菜，製成冷湯品類的「水泡菜」也在當時就已經出現。但我們最常見的大白菜在十九世紀末才引進韓國，並開始應用在泡菜的製作，後來反而成爲現在最普遍的食材。

雖然大白菜和白蘿蔔泡菜較爲常見，但韓國各地採用的食材和製作泡菜的醃料配方還是有不同的偏好。例如位於北部地區的居民，使用較少的鹽來製作泡菜；南部地區則偏好多加鹽和辣椒，製成更辛辣的泡菜；住在東部臨海的居民則喜歡加入海鮮食材。

(三)獲得聯合國文化遺產殊榮的「越冬泡菜」

在2013年獲得聯合國文化遺產殊榮的韓國泡菜，指的是以傳統的方式所製作出的泡菜，由於這項製程需要度過漫長且嚴峻的冬天，因此在韓國稱之爲「越冬」（kimjang; gimjang），製作出的泡菜稱之爲「越冬泡菜」。以下幾項文化因素成爲越冬泡菜獲獎的主要原因：

1. 與大自然共處：韓國人順應四季進行泡菜醃製的準備工作，可以看見人類與自然的和諧共處。有經驗的婦女能根據天氣預報來決定最有利的日期和溫度來製作泡菜。
2. 打破階級，人人平等：不論是平民還是總統，每天的日常飲食必有

圖3-2　獲得聯合國非物質文化遺產的韓國越冬泡菜

泡菜，它超越了階級和地區性的差異。

3.強化社區關係：由社區一同製作大量的泡菜並分享，確保家家戶戶都有足夠的泡菜度過寒冬。鄰居也透過泡菜的交換習俗，讓許多創意能夠不斷累積。

4.製作技術代代相傳：婆婆在家中傳授媳婦有關泡菜製作的知識與技術，被視爲是重要的文化傳承。製作的過程也讓家庭中的婦女彼此互相合作，增進家庭成員的感情。

三、印度咖哩

咖哩已經是全球性的食物，不同地區的咖哩常在名稱前掛上國名，如印度咖哩、泰國咖哩、日本咖哩等，殊不知咖哩源起於印度，再傳播到世界其他各地。以下將詳細介紹咖哩的起源與發展。

(一)「咖哩」的起源

「咖哩」的英文curry原本來自印度泰米爾語的kari，是醬汁的意思。在十六世紀初期的海權時代，葡萄牙人從事海上貿易，也看上印度南部生產的香料，包括小豆蔻、丁香和黑胡椒等，都是當時被認爲是世界上最有價值的商品之一，因爲這些稀有香料當時只在印度種植。當葡萄牙人在從事貿易的過程需要適當形容這些香料時，用類似的發音care來取代kari，後來便演變成現在使用的curry。

咖哩起源於印度，但它其實不是單一的香料，而是將不同磨成粉的香料混合後，搭配食材進行調味的一種醬汁。由於印度的香料不下數十種，相當的豐富，最常使用的有：丁香、肉桂、茴香、小茴香、肉豆蔻、小豆蔻、黑胡椒、薑黃粉、紅辣椒、薑等。但也因爲不同的食材須搭配適當的香料烹調，因此咖哩並沒有特定的味道，而是要看調配的香料爲哪些。

圖3-3　印度咖哩是印度菜餐廳不可少的基本醬料

平常我們最熟悉的咖哩吃法是搭配白飯，也就是常見的「咖哩飯」。但印度人則以地區作爲劃分，東南與南印度習慣搭配印度香米，西印度與北印度則搭配饢餅（naan)等餅食。由於印度屬於手食文化圈，咖哩不論是搭配米飯或是饢餅，都是「以手就食」。

(二)泰式與日式咖哩

印度香料自十六世紀透過海上貿易介紹到世界各地。到了英國殖民印度的英屬印度期間（1858-1947年），住在印度的英國人（被稱爲英印人，Anglo-Indian）將印度咖哩文化帶回家鄉——英國。現在英國每年十月份都會慶祝「全國咖哩周」（National Curry Week），可見其影響之深。以下將介紹同樣流行於泰國與日本的咖哩，瞭解咖哩在當地發展並成爲該國的代表性美食之過程。

◆泰式咖哩

十六世紀的海權時代建立起歐洲和東南亞之間的貿易路線，不僅印度香料來到泰國，葡萄牙傳教士在十七世紀也將南美洲的辣椒帶到泰國，成為泰式咖哩重要的食材。

泰國的咖哩分成綠咖哩、紅咖哩、黃咖哩三類，其主要食材分別是新鮮綠色辣椒、紅色乾辣椒和薑黃。泰式咖哩雖然也是先將香料調合後使用，但其特色是融入東南亞的在地食材，包括椰漿、魚露、香茅、羅望子與月桂葉等，呈現出與印度咖哩迥異的泰式風格。

◆日式咖哩

日本在明治時代（1860-1912）推行「明治維新」的西化運動，將英國流行的咖哩介紹到日本，並結合來自美國的馬鈴薯、胡蘿蔔和洋蔥，加上日本固有的米食文化，成為現在家喻戶曉的「日式咖哩飯」。

尚有一個傳說提到印度咖哩在日本生根的故事：英國殖民印度期間，引發印度獨立運動，當時被英國政府通緝而流亡到日本的革命分子博斯（Rash Behari Bose），經由朋友的幫忙藏匿在新宿的「中村屋」麵包店。中村屋的老闆相馬夫妻有一位懂英文的女兒俊子，因此負責照顧博斯，他們兩人日久生情，後來結成連理。博斯為了報答相馬夫妻，提供純正印度咖哩的秘方，並在中村屋推出，受到日本人的歡迎，成為日本人開始研究印度咖哩美味的開端。

第二節　歐洲

在歐洲豐富的食材中，本節將挑選在臺灣相當受歡迎的西班牙伊比利豬、德國香腸、被視為高價食材的松露，以及在歐洲國家的飲食生活中相當受到重視的起司、橄欖、香草等進行介紹與認識。

一、西班牙的伊比利豬

西班牙的伊比利火腿（jamón ibérico）舉世聞名，其來自伊比利亞黑豬（black Iberian pig）。伊比利亞黑豬主要生活在伊比利亞半島的中部和西南部地區，其中包括葡萄牙和西班牙。在西班牙，伊比利亞黑豬通常分布在韋爾瓦（Huelva）、科爾多瓦（Córdoba）等省。在葡萄牙，中部和南部地區擁有豐富的伊比利種黑豬品種。

伊比利豬的主要食物是橡樹果實，伊比利火腿的製程從切割修整、鹽漬、風乾熟成需12-48個月，成品肉質細膩、香氣濃郁，公認爲全世界最佳的生火腿。

圖3-4　西班牙的伊比利火腿世界聞名

二、德國香腸

世界各國都有不同種類的香腸，美國甚至有平民美食——熱狗。以下將介紹香腸的起源、製作方式、食用方式，以及熱狗與德國香腸的特殊歷史關係。

(一)香腸的源起

「香腸」（sausage）這個詞來自古拉丁語的salsus，是「用鹽來準備」之意，也就是用鹽來製作食物。香腸的歷史可追溯到西元前三千年，是由美索不達米亞的蘇美人（Sumerian）所發明的食物。

約在西元一千年，香腸製作技術也傳到歐洲各國，德國率先在西元1313年有了油煎香腸（bratwurst）。之後，義大利、西班牙等國也都陸續有屬於自己的香腸，但截至今日，德國卻是擁有香腸種類最多的國家。

圖3-5　各種不同的香腸與火腿

(二)香腸的基本製法

全世界約有73%的香腸是以豬肉來製作，但也有使用牛肉、羊肉，甚至是雞肉或馬肉。製作方式是將切碎的肉，以鹽和香料調味，也有與穀物混合，然後塞在豬腸或其他動物腸的外膜內。現代則有使用以膠原蛋白製成的合成膜來製作香腸。由於香腸的發明主要是為了延長肉類可食用的保存期限，因此在不同地區的人們均發展屬於他們自己的香腸。

(三)德國香腸v.s.熱狗

德國香腸可細分至上千種，其中源自德國法蘭克福的法蘭克福香腸（Frankfurt sausage），於西元1487年發明，卻意外以「熱狗」之名流行於世界各地。

根據文獻記載，1860年代，一位德國移民在美國為了維持生計，將法蘭克福香腸搭配酸菜和麵包，用推車的形式做起了生意，讓美國人開始有機會接觸到德國香腸。1871年，德國移民Charles Feltman則在紐約的康尼島（Coney Island）設置固定攤位，賣起法蘭克福香腸夾麵包的街頭小吃，在當地大受歡迎，也成就後來的商業模式。由於法蘭克福香腸又被稱為獵犬香腸（dachshunds sausage，又譯為臘腸狗香腸），加上小販會喊著「又紅（red）又熱（hot）的獵犬香腸」來吸引客人，於是美國人便以dog取代較複雜的dachshunds，稱其為hot dog，沒想到熱狗後來意外成為美國的國民美食。

三、松露

松露一直是高檔餐廳的特選食材，新鮮松露的香氣和味道使它們成為人類最珍貴的美食之一。不論黑松露或是白松露，其價格不菲也成為饕客展現地位的機會。但松露屬於菇蕈類，為什麼如此特殊？可以從以下的歷史追溯瞭解其原因。

(一)松露的歷史

最早文獻提到松露及其消費可以追溯到四千多年的蘇美爾（Sumerian）銘文。在希臘和羅馬的著作中也有大量關於松露的參考資料，著名的羅馬博物學家老普林尼（Pliny the Elder）稱松露爲「最美妙的東西」。

松露的英文字由“tuber”演變而來。在拉丁語中意思爲「腫脹」或「腫塊」，這個名字形容了松露出現在樹木和樹根上。後來這個詞演變成“tufer”，最終變成英文的“truffle”（松露）。

中世紀的歐洲人懂得使用松露入菜的人緩慢增加，隨著羅馬帝國的消失和世界貿易的放緩，歐洲的部落開始尋找離家更近的美食。這些部落有許多養豬人，這些不受圈養限制的豬透過敏銳的嗅覺而發現到松露。

(二)松露的利用

松露首次出現在食譜中是在義大利的文藝復興時期。早期美食家普

圖3-6　松露

資料來源：http://zhongyuanlvse.com/newsdetail_1815961.html

拉蒂納（Platina）在羅馬出版的食譜便清楚介紹松露，還提到豬的訓練有素，利用其敏銳的嗅覺透過松露的強烈香氣而找到它們。

到了十九世紀初，松露的使用轉移到了法國，不僅創新更多的松露食譜，更改變一般人對美食的看法。拿破崙時代，松露消費蓬勃發展，當時最著名的法國廚師Jean Anthelme Brillat-Savarin稱松露爲廚師食材中的「鑽石」，這一觀點一直持續到今天。

四、起司

(一)起司的源起

起司（cheese）最早是由希臘人引進義大利，他們將製作起司的方法教授伊特魯利亞人，當時生產的是沒有外皮的起司，後來才又發展成有外皮的熟起司。義大利的起司分成四類，分別是硬的、半軟的、軟的和新鮮的，最受人喜愛的如帕馬森（parmesan）、馬芝瑞拉（mozzarella，屬於

圖3-7　義大利傳統市場販賣多種起司

圖3-8　希臘最著名的菲達起司

義大利白起司）等，也是製作披薩或是沙拉常採用的食材。另外有著名的犂共佐拉藍紋起司（gorgonzola），可直接食用或製作醬汁，貝克里諾綿羊起司（pecorino）、麗克塔（ricotta）則適合製作義大利麵餃餡或甜點，馬斯卡彭（mascarpone）則是製作提拉米蘇蛋糕的重要原料。

丸岡武司曾在2017年出版的《世界上最美味的食材書》中，提到十種世界最美味的起司，主要來自義大利，包括義大利熟成式的起司、奧切利先生（Beppino Occelli）出產的巴羅洛紅酒起司、博康奇尼（Ponticorvo）的馬芝瑞拉起司等。

(二)正確食用起司的方式

起司是法國料理中重要的元素之一。法國人在十七世紀以前，起司是安排在餐食的最後一輪，與水果及甜食一起食用，當時以新鮮淡味起司爲主。至十九世紀末，則發展到各種起司與甜點一起上桌。直到廿世紀後，起司才獨立出來成爲套餐中的一道菜。

在法國，一般在主菜食用過後，餐廳會提供簡單調味的蔬菜沙拉，再提供起司盤，最後再上甜點，與歐洲其他地區的飲食習慣相當不同。起司的種類相當多，有些適合搭配麵包及紅酒，有些起司則適合入菜。

東地中海地區所使用的起司較爲濃郁，屬於地中海料理中的食材應用，此區域以希臘和賽普勒斯爲代表，此區在烹調上大量利用優格和起司，如著名的菲達起司（feta）、哈羅米起司（haloumi）和希臘優格（labneh）等。飲食生活習慣則融入鄰近國家的中東飲食文化，如土耳其、以色列等國。

五、橄欖——醃漬橄欖&橄欖油

橄欖樹起源於地中海盆地東部沿海地區，至少有五千年的歷史。橄欖樹適合生長在南、北半球緯度30至45度之地中海型氣候的區域。因此在全球出產的橄欖油中，其中95%都來自這個地區，包括希臘、義大利、摩洛哥、葡萄牙、西班牙、敘利亞、突尼西亞、土耳其，還有南美洲的智利等國的山丘上，都長滿橄欖樹。而橄欖多被用來製成醃漬橄欖、橄欖油，並成爲歐洲的一項重要飲食文化。以下將依這兩部分進行介紹。

(一)醃漬橄欖

歐洲人習慣將橄欖進行醃製，製作成前（小）菜使用。醃漬橄欖在西餐中是不可少的開胃菜，不管搭配麵包還是作爲前菜，醃漬橄欖的酸甜香濃之特殊風味，深受當地人歡迎。醃製的橄欖會按照橄欖的品種與去核有無來進行裝罐與分類。

醃漬橄欖的傳統源自於古羅馬時代。法國加爾省（Gard）的尼姆市（Nîmes）擁有悠久的醃漬橄欖歷史。這裏出產的橄欖和紅酒一樣有原產地標示，被稱爲「尼姆橄欖」（Les olives de Nîmes），當中超過一半被用於製成醃漬橄欖。

醃漬的橄欖可以單吃，也可以放在沙拉裏，尼斯沙拉中不能少

圖3-9　義大利的Eataly超市中販賣的多種醃製橄欖

的，就是當地的醃漬橄欖Picholine。醃漬橄欖碾碎後，還可製成橄欖醬（tapenade）。醃漬橄欖也可以與牛肉一起燉煮，增添風味，吃法有多種變化。

醃漬橄欖也常被去核並應用在如義大利前菜（antipasto）還有西班牙小吃（tapas）當中，前者多搭配起司、火腿等，後者像是以串燒形式將起司、橄欖、火腿、大蒜等串再一起當成一個tapas。這種釀橄欖的做法有各式各樣，當中經典搭配包括西班牙甘椒（pimentos）釀橄欖，紅色甜椒（peppers）和綠橄欖（green olives）搭配在一起，顏色鮮艷且味道搭配。

(二)橄欖油

橄欖最爲臺灣人熟知的是被製成橄欖油。西班牙目前是全球橄欖油產量最大的國家，但義大利的橄欖油因擁有42種特級初榨橄欖油，擁有歐盟的「原產地名稱保護」（DOP），價格較好。澳洲則屬於新崛起的橄欖油生產國，橄欖樹在西元1800年左右才被歐洲移民引進澳洲種植。

圖3-10　橄欖油

橄欖油的品質取決於「鮮度」。自新鮮橄欖果採收至榨成油的時間越短，其品質越高。目前臺灣市面上所販售的橄欖油百分之百來自國外的進口，包括歐洲、澳洲以及智利等國，大部分是瓶裝進口，也有運到臺灣後，由臺灣業者自行分裝、混裝。然而臺灣的中文標示常常讓消費者眼花撩亂，臺灣有許多橄欖油不正確的翻譯容易誤導消費者或使用橄欖油的業者。根據國際橄欖理事會（The International Olive Council; IOC），橄欖油之標準分級如**表3-1**，使用者可從原來的英文名稱學習如何辨識橄欖油的品質。臺灣官方則有**表3-2**的分級類別，容易造成消費者混淆。

表3-1　國際橄欖理事會之橄欖油標準分級

分類項目／英文	說　明
初榨橄欖油（Virgin Olive Oils）	僅從橄欖中冷榨油製成的橄欖油，其中的Extra Virgin Olive Oil（EVOO）為此級之最高等級，其游離脂肪酸（FFA）需低於0.8%。
精製橄欖油（Refined Olive Oils）	由精煉初榨橄欖油所製成的橄欖油。
橄欖油（Olive Oils）	由精煉橄欖油與初榨橄欖油混合而成的產品。
橄欖（果渣）油（Olive Pomace Oil）	從技術上講，此類的油品不能稱之為「橄欖油」，而是由固體製成的副產品。Pomace指的是提取初榨橄欖油後留下的果渣。

表3-2 臺灣國家標準（CNS）之橄欖油分級

分類項目／英文	備註
特級初榨橄欖油（Extra Virgin Olive Oil）	為臺灣市面上常見油品。若在27°C環境下製成，又會標示「冷壓初榨橄欖油」，若原料與製程通過有機認證，則會標示為「有機橄欖油」。
良級初榨橄欖油（Virgin Olive Oil）	
普級初榨橄欖油（Ordinary Virgin Olive Oil）	
精製橄欖油（Refined Olive Oil）	為臺灣市面上常見油品。
橄欖油（Olive Oil）	為臺灣市面上常見油品，這類的橄欖油也有部分會標示成「純橄欖油」。
精製橄欖粕油（Refined Olive Pomace Oil）	
橄欖粕油（Olive Pomace Oil）	

六、歐洲料理的香草

菜餚需要調味，而在歐洲料理的調味方式，則是應用各式各樣不同的香草，如義大利菜的烹調特色之一，便是運用各式各樣的香料，其主要的功能是要引出烹調的食物原味。在義大利最常使用的香料如義大利披薩與義大利麵常用的羅勒，其他如俄勒岡、蒔蘿、迷迭香、鼠尾草等都是常被運用的香草。又如法國料理也十分重視香草的運用。屬於地中海飲食的北非地區，以摩洛哥爲代表，摩洛哥人最常將雞肉搭配大量的香料，如孜然、香菜、藏紅花、肉桂等進行烹調。

以下將介紹與食材的搭配的香草之基本原則，內容如下：

1.羅勒（basil）：羅勒是義大利烹飪的核心，羅勒帶有甜美而略帶茴香的味道，使義大利麵食和沙拉更加正統，是義大利麵中的「青醬」不可或缺的主角。羅勒與番茄、馬芝拉起司（mozzarella）可製作成義大利最知名沙拉——caprese salad，綠、紅、白三色也剛好是義大利的國旗顏色，具有象徵性意義。

2.奧勒岡（oregano，也稱牛至）：奧勒岡有著濃郁的味道，它很適合與紅肉、慢燉蔬菜和豐盛的義大利麵食進行搭配。此香草在經典的義大利食譜中占有一席之地，並且是義大利麵和肉丸等經典菜餚的要角。

3.迷迭香（rosemary）：迷迭香適合用於烹飪時間較長的菜餚，通常與烤肉和烤馬鈴薯一起使用，也可以搭配慢燉蔬菜，甚至可以使用迷迭香莖串起來烤蔬菜或肉串。

4.百里香（thyme）：百里香是燉菜和高湯中非常受歡迎的香草。與肉或蔬菜（如南瓜、韭菜或紅蘿蔔）一起烤時，它也很美味，並且是慢燉蔬菜的絕佳配角。

5.荷蘭芹（parsley）：荷蘭芹則適合用在烤羊肉、烤魚等。

6.蒔蘿（dill）：蒔蘿是一種芳香的草本植物，適合與魚搭配，特別是煙燻鮭魚，以及與沙拉、馬鈴薯、雞蛋和紅蘿蔔一起食用。

7.鼠尾草（sage）：鼠尾草非常芳香，味道濃郁，適合將其搗碎，可與洋蔥和濃烈的切達起司（Chaddar）混合在英式洋蔥湯中，或與豬排搭配。

圖3-11　羅勒常用於義大利最知名沙拉caprese salad

圖3-12 迷迭香常用於烤肉，增添風味

第三節 美洲

源自於美洲的三項重要穀類與澱粉類食材包括馬鈴薯、藜麥、玉米等，對於世界飲食文化有重要的影響。雖然屬於主食類食材，但也值得認識，便能瞭解爲何在國外某些地區以這些食材做爲主要熱量來源。

一、源自南美洲的馬鈴薯

馬鈴薯這個平凡的食材，極大比例被大量製成速食店的薯條，成爲平民飲食。2021年底，因爲氣候暖化造成的天災加上新冠疫情持續肆虐，加拿大與美國均無法如期出口馬鈴薯，進一步造成日本、臺灣等速食店無法順利供應薯條與薯餅。看似屬於食材配角的馬鈴薯，其實在西式餐飲上占有一定的地位。而被應用最廣的薯條，更有令人稱奇的故事背景。

(一)馬鈴薯與薯條的源起

源自南美洲安第斯山脈的馬鈴薯，在十六世紀的大航海時代，西班牙人在南美洲秘魯發現有馬鈴薯這項作物，後來與英國人在十六世紀前後分別將其帶回歐洲。比利時在十七世紀末利用馬鈴薯發明了「薯條」，並成爲速食餐廳的重要食材，風靡世界。之後的兩百年，馬鈴薯在歐洲許多國家都被廣泛應用在烹調上。

(二)比利時的百變薯條之應用

薯條只能搭配漢堡嗎？在比利時，薯條有許多不同的吃法，也顚覆我們的想法。

比利時當地有許多賣炸薯條的專賣店，在專賣店賣最好的產品當然就是單點薯條。如果薯條需要外帶，傳統上，店家會準備甜筒狀紙盒，將薯條放在這個甜筒盒內，就像買霜淇淋一樣，能夠方便帶走。

在比利時，薯條的傳統沾醬是美乃滋，但也發展出其他在當地頗受歡迎的醬料，像是蒜味美乃滋（aioli）、辣味美乃滋（samurai sauce）等。但因爲專賣店常有慕名而來的海外觀光客，因此一般薯條店裏也會提供包括我們較熟悉的番茄醬等醬料。

在薯條專賣店內也常看到薯條堡（mitraillette），是將淋上醬料的薯條作爲法國長棍麵包的主要餡料，這個特色美食就像是將薯條夾在法國麵包內一起咬的口感。也因爲比利時人酷愛炸薯條，因此在許多的知名料理也都搭配薯條。其中有一道可以代表比利時美食的淡菜（mussel），屬於蚌類海鮮，但也一定搭配薯條。任何主食搭配薯條已成爲比利時人共同的飲食習慣，因此也有人說薯條是代表比利時的副食文化。

專欄3-1 日本麥當勞耶誕鬧薯條荒 24日到30日只賣小薯

由於薯條供應鏈受擾，日本麥當勞宣布24日到30日將停賣中薯和大薯，預計日本2,900家門市受到影響。

日本麥當勞（McDonald's）宣布，24到30日將只會供應小份薯條，暫時停賣中薯和大薯，原因是遠在加拿大溫哥華的港口淹水，以及新冠疫情肆虐，造成薯條到貨延宕。

日本麥當勞表示，此舉是為了盡可能讓更多顧客繼續買到薯條，目前正在試圖改走航空貨運，並與供應商及進口商合作，以解決薯條短缺問題。這項措施預計將影響日本2,900家門市，薯餅供應則不受影響。

麥當勞希望在跨年前解決薯條荒問題。此外，為因應套餐薯條縮水情況，購買套餐的顧客將獲得50日圓（44美分）的折扣。

彭博資訊報導，麥當勞的套餐通常會搭配中薯，消費者可以選擇換成小薯或升級成大薯。一份74克的小薯份量，相當於中薯的一半左右。

資料來源：王巧文編譯，2021年12月21日，《經濟日報》，聯合新聞網，https://udn.com/news/story/6811/5978202

圖3-13 馬鈴薯也分多種類別，適合不同的烹調方式，最熟悉的便是製作成薯條

二、秘魯的藜麥

秘魯爲藜麥的發源地，因秘魯豐富的地理環境和文化，造就了具有特色又營養的三色藜麥，擁有很高的營養價值，外型和飽滿度更是優於其他產地，也衍生出各種不同佳餚。

藜麥擁有全部人體必需的胺基酸和礦物質，無麩質特性也容易被腸道消化，聯合國糧食及農業組織更宣布2013年爲國際藜麥年，期待更多人能認識這種未來有機會解決饑荒問題的「希望之糧」。臺灣的烹調方式多以拌沙拉或是與白米一起烹煮。

三、墨西哥的最重要原料——玉米

臺灣一年約進口四百萬噸的玉米，雖然有一定的比例是提供給動物作爲食物，但業者每年還向國外購買三千四百噸的玉米粉做各式各樣的加工，大家熟悉的乖乖、早餐常見的玉米片都是玉米粉製成的。但玉米的歷史可追溯到萬年前，並以墨西哥的歷史連結最爲緊密，以下將詳細介紹墨西哥的主食——玉米。

(一)玉米的源起

玉米原產於中美洲的墨西哥，約一萬年前，由墨西哥南部的美洲原住民培育成功的穀物。現今我們熟悉的玉米外型是經由好幾代的品種改良而成。玉米的英文爲corn，但它還有一個更爲通用的外語，是墨西哥人使用的西班牙語maize。臺語稱玉米爲「番麥」，該詞則源自於十六世紀的明朝，也是玉米傳入中國時所使用的名稱，眞實呈現玉米來自外域的事實。

(二)使用玉米最多的墨西哥菜

墨西哥人常食用玉米、豆類和辣椒等三類食材，其中以玉米最爲重要。一萬年前，在中美洲的阿茲特克人便會利用玉米粉製成玉米薄餅（corn tortillas），並沾上辣椒與幾種辛香料調製的混醬（mole）食用，後來才逐漸發展出包餡的食材，如辣椒、番茄、酪梨、南瓜等。西班牙殖民時期（十六世紀初）出現的玉米夾餅（taco），或1950年代才出現的玉米脆餅（nachos），也都成爲代表墨西哥的特色食物。

歐洲殖民者在十六世紀引進小麥至墨西哥，開始以小麥取代玉米成爲當地製作「玉米」餅的原料，但爲了區隔與原來的玉米薄餅，於是用小麥製的餅稱爲「麵粉玉米薄餅」（wheat tortilla）。

(三)從玉米薄餅到捲餅

我們在速食店常見到的墨西哥捲餅（burrito），是自「麵粉玉米薄餅」發展出來的食物，約在十九世紀才出現，墨西哥有個民間故事談到它的起源。

在墨西哥革命時期（1910-1921年），有一位名叫胡安・門德斯（Juan Méndez）的人在墨西哥北部的華雷斯城（Ciudad Juárez）街邊賣「麵粉玉米薄餅」，並以小驢載運這些食物。爲了保持食物的溫度，門德斯將薄餅的尺寸加大，以便將所有的餡料都能包在餅內，有別於以玉米薄餅夾附餡料的做法。由於這些食物是由小驢運載過來，加上「小驢」的西班牙語爲burrito，因此當地人就稱這個食物爲burrito。中文便以捲餅與薄餅來區分burrito 和tortilla。

另外，在非洲也使用大量的玉米。西非有使用玉米粉（maize）製成的玉米粥糰（sadza）；南非則是以小玉米粉 （baby maize）煮成玉米片或玉米粥。

第四節　大洋洲、非洲

本節將主要介紹位在大洋洲的主要國家——紐西蘭與澳洲的食材，以及北非的最重要食材原料——北非小米。

一、澳洲羊肉

(一)世界出口量排名第一羊肉

根據澳洲統計處的資料顯示，截至2017年6月30日，澳洲羊群共計7,210萬頭，將近是澳洲人口數的三倍，是世界羊肉出口量排名第一的國家，2017-18年的羊肉出口產值爲32.8 億澳元，相當於臺幣650億元。

澳洲的羊肉出口分爲四類：第一類是lamb，指的是年齡小於一歲、尙未長出恆齒的羔羊羊肉，國內消費占該類總產量的39%，其餘61%則出口至世界各國；第二類稱爲mutton，指的是年齡大於一歲的羊肉，因爲肉質沒有lamb的鮮嫩，也較容易有腥羶味，基本上澳洲人並不吃mutton，該類羊肉主要以出口市場爲主，出口產量占96%；第三、四類則分別爲山羊肉（goat meat）以及活體羊（live sheep）。

(二)臺灣進口的羊肉偏好

特別値得一提的是，「臺灣」在第三類的山羊肉之出口主要國家排名第二，僅次於美國。根據農委會的相關文獻，臺灣當地飼養的羊主要爲山羊，山羊肉的肉質相當適合羊肉爐等火鍋的烹調，是臺灣民眾熟悉的口感，加上臺灣民眾有吃羊補身的傳統食療觀念，因此不僅可以解釋臺灣人對於羊肉的偏好，也能說明臺灣進口山羊肉產量高居澳洲出口國的第二名

圖3-14　澳洲肉店的羊肉（lamb）種類豐富

之原因。

羊肉在澳洲被稱爲「澳洲之肉」，是國慶日（Australian Day）必吃的食物，澳洲人多以BBQ烤肉的形式來烤羊排。羊排在臺灣西式餐廳則多被設計在主食的羊排餐點當中。

二、袋鼠與鱷魚肉

(一)袋鼠肉

袋鼠在澳洲原住民的生活中扮演重要角色。袋鼠被獵殺了上千年，無論是肉類還是毛皮的利用，當歐洲人十八世紀末抵達澳洲之初，他們也依賴著它的肉來生存。另外，由於袋鼠數量在澳洲過於龐大，已造成生態環境的不平衡，因此澳洲人也將袋鼠肉運用在日常生活的烹調上，並強調其爲低膽固醇的健康肉類，在超市也可買得到。有進口袋鼠肉的亞洲國家像是香港，會以熱炒、香煎、燒烤等烹調方式來處理袋鼠肉，臺灣也進口少量的袋鼠肉，在販售異國食材的超市較容易看到零售的袋鼠肉。由於袋鼠肉的卡路里含量、膽固醇及脂肪極低（只有不到 2% 的脂肪含量），適合重視健康飲食的消費者食用。

(二) 鱷魚肉

鱷魚肉對亞洲而言，屬於滋補功效的食材，但生產國以熱帶地區爲主，如泰國、澳洲北領地、中南美洲等。臺灣或是香港等地多以中藥材伴隨鱷魚肉燉湯滋補，但也有用於三杯、火鍋肉片的使用。

以澳洲爲例，位於澳洲北部的北領地是澳洲原住民的發跡處，北領地不僅有著特殊的原民歷史背景，原住民人口比例高達三成，也造就原民食材在當地的應用十分普遍，其中最爲普及的肉類是鱷魚。

北領地的許多餐廳菜單上都有鱷魚肉的選項。鱷魚肉在當地可以出現在東南亞餐廳，成爲「鱷魚叻沙麵」；也可以是披薩餐廳裏的「鱷魚肉披薩」；同時也可以成爲中式春捲裏的餡料，並搭配當地野生巴拉蒙迪魚、袋鼠肉，成爲「春捲三味拼盤」；餐廳菜單上也出現「鹽酥鱷魚肉」，與臺灣的鹽酥雞有異曲同工之妙。

圖 3-15　達爾文唯一的一頂帽子餐廳Snapper Rocks之鹽酥鱷魚肉

三、手指香檬

米其林指南（Michelin Guide）的食材庫曾記錄澳洲的叢林食材，其中包括如叢林番茄（bush tomato）、賽果（lilli pilli）、框檔（quangdong）等，並提到其中的「手指香檬」（finger lime）是現在米其林主廚應用最多的食材，近年大量融入主流餐飲。

圖3-16　手指香檬的外觀

1980年代中期，雪梨的餐廳開始採用、烹調澳洲的本土食材，讓叢林食材有機會登上餐廳層級，不再只是屬於原住民的飲食。其中的手指香檬，色澤介於淺綠色和深粉紅色，這個號稱「森林的魚子醬」（bush caviar）的食材已被餐廳大廚善加利用在調味與盤飾，成爲高級料理當中的重要澳洲本土食材代表。如手指香檬適合搭配生蠔或是生魚片，也適合製成甜點，在盤飾上有加分的效果。

圖3-17　應用在高級料理的手指香檬（國王魚生魚片佐柳橙、手指香檬、檸檬、茴香、山葵）

四、北非小米

「北非小米」（couscous）近年來出現在中東或是非洲餐廳，對於臺灣的消費者或業者而言，都是一項比較新鮮的穀類食材，可用來作爲主食或是拌沙拉用。但這項穀類食材其實擁有長久的歷史。

聯合國在2020年12月公布「北非小米」榮獲「非物質文化遺產」的殊榮，由摩洛哥、阿爾及利亞、突尼西亞和茅利塔尼亞等位於北非的四個國家共同分享該榮耀，而「北非小米」即是這些國家日常生活中的主食。

「北非小米」主要是由粗粒小麥粉（semonia flour）製成，先是將穀物輾成顆粒，過篩、浸泡後，再蒸熟而成。北非小米經常搭配肉類、魚類、蔬菜、燉菜或鷹嘴豆（chickpea）等一起食用。但對這四個國家的人民而言，北非小米不僅是日常飲食生活中重要的食物，凡遇婚喪喜慶或是傳統節日的家人團聚，都少不了「北非小米」這項傳統食物，也因爲其隱喻的精神象徵，加上代代相傳的烹調手法，成爲聯合國認定的一項重要世界文化遺產。

傳統上以手食的方式享用北非小米，會使用右手的拇指、食指與中指，將盤子上約一口量的北非小米與燉菜一起推抓到手掌上，過程中也須感受手能夠承受的溫度，並利用手掌上下震動讓食物可以集中在手掌中，再送進口中一次吃完。

參考文獻

一、中文部分

〈2021橄欖油推薦7大品牌與評價！想躲黑心油就這樣選！〉，https://shop.health010.tw/blogs/nutrition/olive-oil-recommendation，瀏覽日期：2022年2月2日。

〈太空人的食物「藜麥」入菜　爽脆口感如芝麻！〉，ETtoday旅遊雲，https://travel.ettoday.net/article/274878.htm。

〈提升橄欖油產業　義推全國計畫〉，聯合新聞網，2016，https://atiip.atri.org.tw/News/PubNewsShow.aspx?ns_guid=9b8a11d8-6776-4295-ae7f-9bbcf779658d，瀏覽日期：2022年2月2日。

〈醃漬橄欖〉，https://guide.michelin.com/tw/zh_TW/article/dining-in/know-your-pickled-olives，瀏覽日期：2022年2月8日。

〈龍蝦學堂：從產地出發學懂夢幻烹調法〉，聯合利華飲食策劃，https://www.unileverfoodsolutions.hk/chef-inspiration/discover-ingredients/lobster-cooking.html，瀏覽日期：2022年2月2日。

丸岡武司著（2016），《世界末日前必吃的50種夢幻食材》，新北市：出色文化。

丸岡武司著，賴惠玲譯（2017），《世界上最美味的食材書》，新北市：出色文化。

林吉祥（2020），〈臺灣每年進口近3萬噸鮭魚鱈魚，臺灣好魚卻得仰賴銷中？佳冬漁二代要翻轉未來〉，上下游新聞，2020年5月6日，https://www.newsmarket.com.tw/blog/132192/，瀏覽日期：2022年2月1日。

張玉欣（2019），〈挑戰地中海舊世界的統治權——從Amor莊園看澳洲橄欖油的崛起〉，《料理‧臺灣》，第48期。

張玉欣（2020），《飲食文化概論》（第四版），新北市：揚智出版。

張玉欣（2020），〈來自日本的頂級食材——和牛〉，《國語日報》，2020年

3月28日。
張玉欣（2020），〈咖哩——全球料理在地化的代表〉，《國語日報》，2020年6月27日。
張玉欣（2020），〈炸薯條——從比利時流行到全世界〉，《國語日報》，2020年8月1日。
張玉欣（2020），〈墨西哥與玉米的飲食文化〉，《國語日報》，2020年1月9日。
張玉欣（2021），〈澳洲推廣叢林飲食　本土食材受矚目〉，《國語日報》，2021年2月27日。
張玉欣主編（2023），《世界飲食文化》（第四版），新北市：華立出版。
張玉欣主編（2023），《世界飲食文化概論》，新北市：華立出版。
楊語云（2021），〈鮭魚之亂看門道——為何進口鮭魚獨霸臺灣生魚片市場？臺灣海鮮如何搶回眼球？〉，上下游新聞，https://www.newsmarket.com.tw/blog/149390/，瀏覽日期：2022年2月1日。
橄欖油，https://zh.wikipedia.org/wiki/%E6%A9%84%E6%AC%96%E6%B2%B9，瀏覽日期：2022年2月2日。
蘿拉．洛威（Laura Rowe）著，鄭百雅譯（2016），《看得見的滋味：老饕必懂的食材與美食歷史、文化、食譜、料理技巧、最新潮流》，臺北市：漫遊者文化。

二、外文部分

JAMIEOLIVER.COM, How to use herbs，Food waste，2016.05.11，https://www.jamieoliver.com/features/how-to-use-herbs/，瀏覽日期：2022年9月13日。
Jamón ibérico，https://en.wikipedia.org/wiki/Jam%C3%B3n_ib%C3%A9rico，瀏覽日期：2022年2月4日。
The history of truffles，https://freshtruffles.com/history/，瀏覽日期：2023年1月1日。

食材的陰陽理論

- 中醫食療的陰陽理論
- 食材的冷熱理論
- 食材的五色養生理論

臺灣有食療的傳統與習慣，經常搭配季節的變化選擇適當的食物，也會因特殊的日子在飲食上有所限制，如坐月子，食材的陰陽概念在此時的應用上特別明顯。臺灣的消費者仍有一定比例對於陰陽理論深信不疑，餐飲業者若能對此陰陽冷熱理論有基礎上的認識，在食材的選擇與使用上將更得心應手。

第一節　中醫食療的陰陽理論

一、陰陽爻的由來

古人認為宇宙間一切的力量分為兩種對立的方向，例如：「白晝」與「黑夜」、「寒冬」與「酷夏」、「男性」與「女性」、「陽剛」與「陰柔」等。

陰陽之分，天陽而地陰，日陽而月陰，春夏陽而秋冬陰，東南陽而西北陰。白天時，天地皆屬於陽，到了夜晚，則天地皆屬於陰。春夏兩季時，天地、日月皆屬陽，秋冬兩季時，天地與日月則屬陰。

《周易》又稱為《易經》，是中國先秦時期的傳統書籍，相傳是周文王姬昌所作，內容包括〈經〉和〈傳〉兩個部分，是古代文化史上唯一由文字及符號構成的書籍。〈經〉主要是六十四卦和三百八十四爻組合，卦和爻各有說明（卦辭、爻辭），透過陰爻及陽爻不同的排列組合來作為占卜之用，如**圖4-1**的六十四卦方位圖，可看到由陰爻及陽爻排列組合代表的不同意義。

中醫提到人體的六個區域，又稱為六經：少陽、太陽、陽明；厥陰、少陰、太陰。陽氣與陰氣的強弱有其順序，由弱到強依序為：少陽（一分）、太陽（二分）、陽明（三分）；厥陰（一分）、少陰（二分）、太陰（三分）。中醫在分析病症，就根據其不同性質歸納症狀。凡呈亢奮現象的列於三陽，呈衰退現象的列人三陰。這些陰陽屬性的理論，即萬物的二分法。之後就自然地產生了中醫食療的陰陽理論。

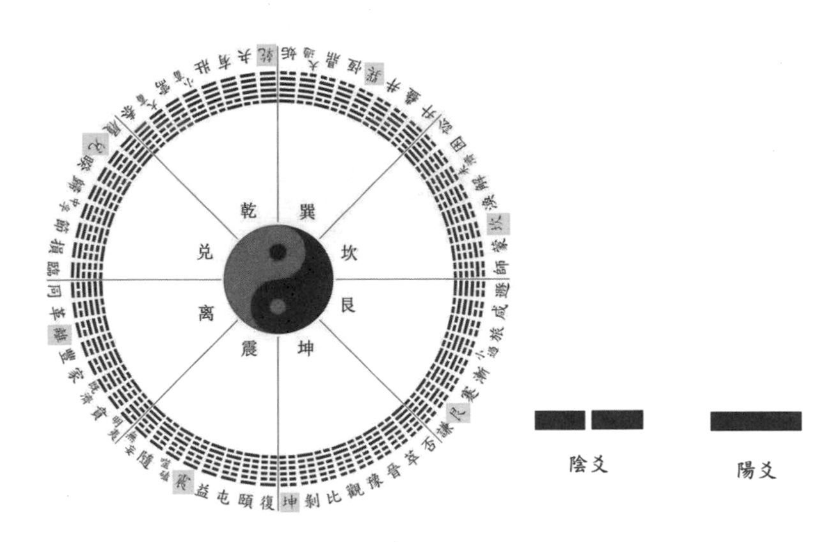

圖4-1　六十四卦方位圖

資料來源：〈周易六十四卦順序，易經64卦圖解及卦序歌〉，壹讀網。

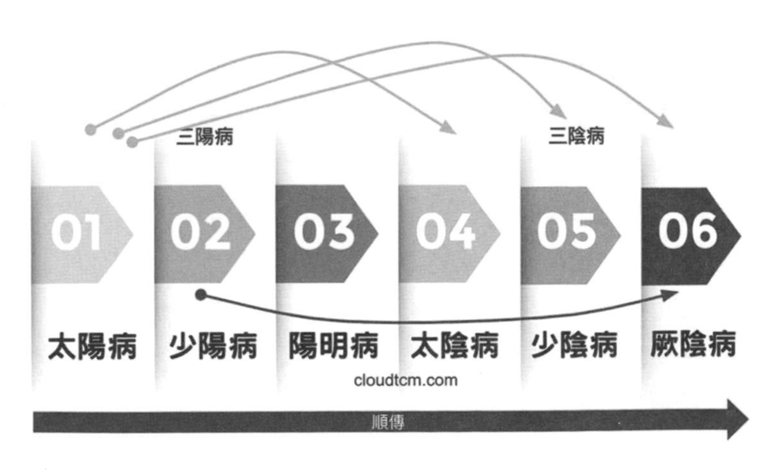

圖4-2　人體疾病的六個階段（依據傷寒論的六經辯證）

資料來源：cloudtcm.com

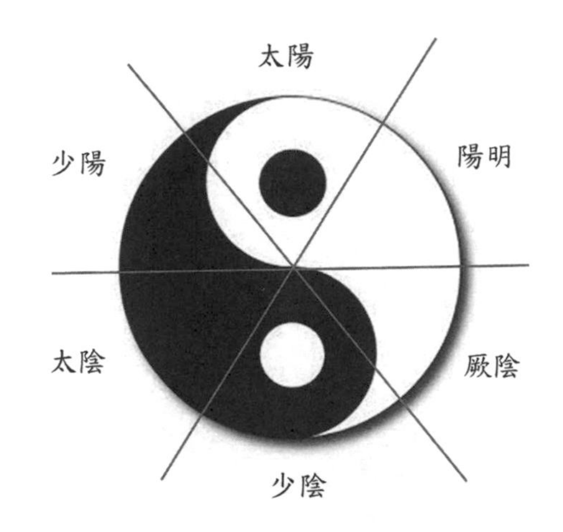

圖4-3　顯現在太極圖上的陽氣與陰氣之強弱

二、何謂陰陽食材？

一般而言，較陰的食物，產生較低的活動力，思考邏輯較持平，但利於排便，血壓不易升高，產生的慢性病較少。較陽的食物，產生較大的活動力，思考邏輯較敏銳，但不利於排便，血壓較易升高，產生的慢性病較多。

有陽明症的人，可能吃十個生冷生蠔後會覺得很舒服，可是對於一個有少陰症的人，可能吃十個生冷生蠔後會狂瀉不已。有少陰症的人，可能吃兩個榴槤後會覺得很舒服，可是對於一個有陽明症的人，可能吃兩個榴槤後，會有流鼻血的症狀，或是渾身覺得不舒服。有陽明症的人，可能吃五個紅色火龍果會覺得很舒服。可是對於一個有少陰症的人，可能吃五個紅色火龍果後會狂瀉不已。有少陰症的人，可能吃人參當歸雞後會覺得很舒服，可是對於一個有陽明症的人，可能吃人參當歸雞後，會徹夜難眠。

也就是說，身體較陽的人，應適量加強一些較陰的食物；身體較陰的人，應適量加強一些較陽的食物。

表4-1　陰性、陽性食物比較表

陰性食物	陰性食物之實例	陽性食物	陽性食物之實例
生長於熱帶	西瓜	生長於寒帶	蕎麥
軟（含水量高）	西瓜	硬（含水量低）	蕎麥
甜味、酸味	醋	鹹味、苦味	鹽
陰冷	苦瓜	燥熱	五葷（蒜、韭、蕎、蔥、薤）
精緻加工	白米	初級加工	糙米
抗氧化食品	抗氧化Vit C	氧化型食品	氧化型Vit C
鉀含量高	西瓜	鉀含量低	蕎麥
鈉含量低	低鈉鹽（高鉀鹽）	鈉含量高	高鈉飲食
薄輕、外皮平滑	蘋果、橘子	厚重、外殼粗造	龍眼、荔枝
細毛	紅毛丹	尖銳	榴槤
結構鬆散	蓮霧	結構緊密	龍眼、荔枝
大而擴張	西瓜	小而結實	蕎麥

圖4-4　苦瓜是陰性食物

圖4-5　蔥是陽性食物

三、食物的陰陽角色可能互換

陰陽不是永遠不變的，陰陽會隨著外在的條件變化，例如：時間、溫度、添加物質等，進而產生陰陽角色的變更。以花青素為例，花青素在酸性的情況下，顏色為紅色，紅色火龍果是最顯著的例子。我們常說紅色火龍果較陰冷，較利排便，是陰性食物。但花青素若在鹼性的情況下，顏色為藍紫色，紫米是最顯著的例子，我們常說紫米為溫補，是陽性食物。

四、結語

古代先秦書籍《書經．周官》曾提到「治理國家必須陰陽調和」之概念，原文謂「論道經邦，燮理陰陽」。同理，健康飲食亦必須陰陽調和，經常過陽或長時間過陰飲食都不是好現象，此為陰陽之原理。

第二節　食材的冷熱理論

中醫講究飲食養生，認為食物與藥物一樣都各自具有不同的「氣」，所以在中醫治療的觀點中，「食療」也是重要的養生保健方式。傳統所謂的「氣」即是指寒、熱、溫、涼等四種「氣」，也有以四性稱之。

一、食材冷熱理論之起源

四氣最早記載於《神農本草經．序錄》，指藥物有「寒、熱、溫、涼四氣」。但宋代寇宗爽認為「凡稱氣者，即是香、臭之氣，其寒、熱、溫、涼則是藥之性。序例（《神農本草經．序錄》）中『氣』字，恐後人誤書，當改為『性』字，於義方允。」提出將「氣」改為「性」，故「四氣」又稱「四性」。明代李時珍則認為「寇氏言寒、熱、溫、涼是性，香、臭、腥、臊是氣，其說與《禮記》文合。但自《素問》以來，只言氣味，卒難改易，姑從舊爾。」主張仍以「氣」相稱為宜。

中藥寒、熱、溫、涼四者，或稱為「氣」，或稱為「性」，古今兼而有之，同時並存，都是指藥物固有的屬性。

李時珍在《本草綱目》中提出了五性說——「寒、熱、溫、涼、平」，明確地將「平」增列入食材性的內容，此創舉頗為後世所稱讚。「平性」是指食材性平和，寒熱不甚明顯，但實際上仍有偏溫、偏涼之不同。所稱「性平」純指相對而言，但仍未超出四性的範圍。故從四性本質而言，實際上就是寒、熱二種。

寒涼與溫熱是對立的二種，寒和涼之間、熱和溫之間，食材性相同，但在程度上有差別，溫次於熱、涼次於寒。

二、如何辨識食材的冷熱性？

食物的四氣性質，主要是依據人體吃了這食物後所產生的影響或反應來決定。最簡單的例子為人們吃了辣椒或喝下一杯蒸餾酒後，馬上就會感覺全身炙熱，由此身體的反應，即可知辛辣食物與蒸餾酒皆是「熱」性的食物。

另外，冬天食用「燒酒雞」及「羊肉爐」後感到全身暖和，可以祛寒。但如果是在夏天食用「燒酒雞」及「羊肉爐」這類食物，吃後令人頓感上火、口乾舌燥、喉嚨發熱，會有不甚舒適之感，讓人覺得夏天不太適宜食用「燒酒雞」及「羊肉爐」。由這種身體反應的體驗，古人於是將羊肉及雞肉歸於「熱」性的食物，也因此構成「燒酒雞」及「羊肉爐」的食材同樣被歸類為溫熱食材。在寒冷的冬天，若是將紫蘇、老薑一同煎湯飲服後，會使人發汗去寒，也說明了紫蘇、老薑的性是溫熱的。

同樣的，在大熱天時吃片冰西瓜，頓時令人感覺全身透涼、舒適無比。反之，如於下雪天吃片從熱帶國家進口之西瓜，則會讓人覺得冷上加冷，渾身不舒服。古人就把西瓜歸屬於「寒」性的食物。夏天天氣很熱，人們喜歡吃剉冰，剉冰的食材多以涼性爲主，如此才能去除酷暑。

圖4-6　薑是十分熱性的食材

圖4-7　西瓜是寒性的水果

以下將介紹各類食材的冷熱與應用：

(一)中藥材

由於臺灣民眾養生飲食文化與膳食習慣，常將可供食品使用中藥材應用在食材的陰陽理論。衛福部為保障消費者食用安全，針對中藥材作為食品原料使用，於2018年研提「得供食品原料使用中藥材分類及品項」（草案），將得供食品原料使用中藥材依安全性及傳統習用性分類管理，必要時應限制使用量或加註警語、注意事項，**表4-2**為該草案提到中藥材分類之內容整理。

表4-2 得供食品原料使用中藥材分類及品項

中藥材類別	基本用途	品項內容
第一類	傳統食品原料用途，安全性高，非香辛料。得為單一品項產品。	百合、荷葉、白木耳、生薑、昆布、海藻、龍眼肉、烏梅、海藻、紅棗、黑棗、生薑、枸杞子、蓮子、菊花、薄荷、陳皮、人參花、羅漢果、橘紅、桑葚等28項
第二類	為傳統香辛料食品原料用途，不得為膠囊、錠劑型態，薑黃不限於此。	小茴香、大茴香、胡椒、花椒、砂仁、草荳蔻、肉豆蔻、番紅花、白荳蔻、丁香、草果、甘松、薑黃、白芥子等16項。
第三類	僅供青草茶使用，為單一品項產品。	仙鶴草、積雪草、白茅根、石松、地骨皮、金錢草、廣藿香、車前草、馬鞭草、燈籠草、魚腥草等15項。
第四類	單一品項產品，僅限用於茶包型態及非供消費者直接食用之食品原料。	赤小豆、冬瓜子、五加皮、枇杷葉、麥門冬、當歸、紅耆、黃耆、刺五加、肉桂、佛手柑、黨參、白朮、桑枝、白扁豆、芍藥、人參、西洋參、紫蘇、茯苓、地黃、天門冬、冬蟲夏草、蒲公英、決明子、川芎等54項。
第五類	不得為單一品項產品，茶包型態不在此限。	五味子、丹參、番瀉、苦橙、余甘子等5項。

資料來源：衛福部，「得供食品原料使用中藥材分類及品項」（草案），張玉欣整理。

中藥材是應用在食療與冷熱上最為普遍的材料。以近年來的抗病毒食療來說，對於抗新冠病毒有食療作用的知名藥膳「玉屏風雞」，其中的「玉屏風散」是由防風草、黃耆、白朮組成，防風草、黃耆、白朮若未與食品共同使用，是以中藥管理；但若與食材一起烹調則以食品管理。防風草之所以以「防風」命名，就是因為它有很好的防濕寒功能；防風草之所以可以抗濕寒，是因為有足夠的「炁」，炁的來源有外炁及內炁，外炁最好的食材為天字號人參，但人參太貴，所以改用炁也不錯的黃耆；內炁主要的來源為脾臟提供，固脾便宜又好的食材為白朮；防風草、黃耆、白朮及雞皆在抗濕寒的食材中，固屬溫熱的食品。

以下介紹最具代表性的食療養生食譜，按照主要中藥材採用的數量命名， 分別是四君子湯、四物湯、八珍，以及十全。

養生藥膳食補——四君子湯

四君子：黨蔘、白朮、茯苓、甘草搭配而成。

黨蔘具有補元氣、能增強人體對惡劣環境的適應能力、增強免疫力、增加耐力、增強體力、興奮神經系統；白朮能健胃、止嘔、利尿、止瀉；茯苓有利尿、減少胃酸、鎮靜以及保肝、抗腫瘤、增強免疫等功效；至於甘草則能解毒、制酸、袪痰、解痙止痛。

適合季節：秋冬。

養生藥膳食補——四物湯

四物：由當歸、川芎、白芍、熟地搭配而成。

當歸可減輕經前症候群的疼痛、腹脹、陰道乾澀及憂鬱；川芎可抗菌消炎，調節子宮收縮；白芍性寒味苦，具有滋陰養血、柔肝止痛之功效，提升細胞吞病原體的作用；熟地黃則可補血強心，幫助滋養。

適合：婦女食用。

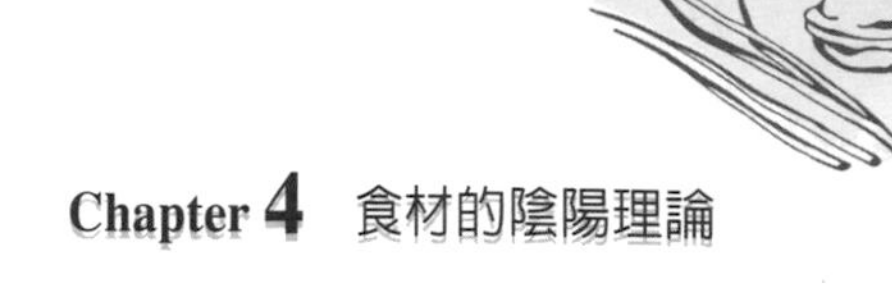

養生藥膳食補——八珍湯

八珍湯就是四物湯加上四君子湯。

凡是婦女朋友有貧血所引起之頭暈目眩、心悸、面色蒼白、病後衰弱、婦女月經不調、食慾不振、全身無力感、營養不良等症，都可以用這湯頭，但是不限於女性，其實男性朋友也可以服用，八珍不一定是婦科用藥，它可以算是最早的強力補藥之一，可以說是帶熱量的綜合維他命，可以強心加助消化加補血。

適合季節：春夏。

養生藥膳食補——十全大補湯

十全大補湯就比八珍湯又多了黃耆和肉桂兩味中藥。

黃耆具有擴張血管作用，並能促進全身血液循環及供給人體所需的營養物質，也能降低高血壓，治療糖尿病、高血脂症、冠狀動脈硬化以及心肌梗塞等症，也證明有利尿作用，有治療尿蛋白的功用，對於腎炎也有相當療效，據研究得知黃耆具有保護肝臟，並對許多種細菌有抗菌之作用；肉桂，辛甘、大熱、氣厚、純陽入肝腎、益陽消陰，能發汗疏通血脈，並能納氣歸腎、引火歸元。

適合季節：冬天。

圖4-8 十全與八珍藥膳包

(二)種子類食材

屬於種子類的食材，因爲種子須提供這植物生命延續所需的充分營養物質及平穩，所以種子類的食材大多偏向平性，例如：米豆、毛豆、菜豆、花生、花豆、豌豆、紅豆、黑豆、黃豆、納豆、蠶豆、豆鼓、豆薯、杏仁、玉米、粳米、糙米、南瓜子、葵瓜子、四季豆、皇帝豆、亞麻子、蓮子、腰果、芝麻。

(三)蔬果類食材

大部分的蔬菜、水果含豐富的膳食纖維（不可溶性）及半膳食纖維（可溶性），膳食纖維可促進大腸蠕動，使得排便順暢，毒性物質並藉此排出，促進身體健康，因此，膳食纖維物性大多偏向平性至寒性。生長在水塘或熱濕地域且莖爲空心的植物，常被歸類爲較涼寒之食材。例如：竹筍、筊白筍、蓮藕、水蓮等。

較熱的區域所產的水果，肉質大多柔軟多汁，因此物性大多偏向寒性，以降低酷熱所造成的不適，例如：西瓜、小玉瓜、哈密瓜、洋香瓜、美濃瓜、山竹、百香果、香蕉、椰子。水果外皮如果粗糙或尖銳，且肉質含水量較低，這類水果最常見的爲龍眼、荔枝、石榴、紅毛丹、鴨梨、無花果、覆盆子、柿餅、楊桃（平涼）、橄欖、釋迦等，這類水果常被歸類爲溫熱性的水果。果王「榴槤」具有陽剛之物性，自然被歸屬爲熱性食材。

表4-3　蔬菜的四性

溫性	平性	涼性	寒性
川七、山蘇、包心芥菜、明日葉、韭菜、韭菜花、紫蘇、雪裡紅	山芹菜、甘藍、芥藍、高麗菜、青江菜、青椒、花柳菜、萵苣、蘿蔔嬰	A菜、小麥草、大陸妹、大頭菜、白鳳菜、枸杞葉、芥菜、芹菜、油菜、秋葵、紅鳳菜、紅莧菜、莧菜、菠菜、酸菜、番薯葉	大白菜、山茼蒿、豆芽菜、空心菜、西洋芹、過貓、龍鬚菜

圖4-9 瓜果類的水果多為寒性食物

圖4-10 洋蔥分許多種類，屬於熱性食材

(四)香草類食材

調味香料因爲含有香味物質，導致病蟲害不敢靠近，換言之，抗病蟲害力較強，因此，大部分的調味香料被歸屬爲溫性物質，例如：左手香、丁香、百香里、茴香菜、艾葉、月桂葉、巴西利、迷迭香、玫瑰、茉莉、香茅、桂花、紫蘇等。調味香料薰衣草因爲物性較持平，故被列爲中性食品。薄荷因爲有非常清涼之感覺，常被用於製作清涼飲料，故被列爲涼性食品。朝天椒、辣椒、山葵、白胡椒、黑胡椒、洋蔥、肉桂、八角屬於較辛辣之物質，屬於熱性食材是衆所皆知之事。

(五)海產類食材

海洋所提供的海產魚類爲食物最大的來源，這類食物物性必須很平穩，所以魚類食材大多偏向平性。但寒帶國家很少食用有殼水產（蝦、帝王蟹除外）或無鱗魚類，這就告訴我們這類食材大多屬寒性，不適寒帶國家食用，例如：烏魚、章魚、蛤蜊、大閘蟹、花蟹、螃蟹、蜆、海蜇皮等。

以下將以上述相關的食材利用，應用在以下的四道養生食譜。

「養生雞酒」食譜

材料：土雞一隻（約3~4斤）、薑一塊（約3~4兩）、米酒一瓶（2~2.5L）、麻油4~6匙、藥膳包1包

做法：雞肉切塊汆燙後洗淨。薑切片，熱鍋後用麻油將薑片爆香。爆香後倒入雞肉翻炒，再將米酒倒入，蓋過雞肉燜煮，燜煮約30分鐘，放入藥膳包再燜煮40~50分鐘完成後，即可食用。

「何首烏骨雞湯」食譜

材料：烏骨雞1隻（約3~4斤）、何首烏藥包1包、米酒3大匙、何首烏、黨參、黑棗 、枸杞 、龍眼肉、熟地適量

做法：先將雞肉切成適當的大小，用沸水汆燙去血水。之後將燙好的雞肉，沖洗乾淨放至熬好的藥膳汁（藥膳包要先煮30~50分鐘），熬煮1小時10分鐘後（食材與水1:1）。起鍋前加入米酒、枸杞適當調味完成後，即可食用。

「雪花酒釀蛋湯」食譜

材料：酒釀一匙、紅麴一匙、蛋四顆、酒四匙、水八匙、冰糖適量

做法：酒釀、紅麴、酒、冰糖加入鍋子中煮沸，煮沸後加入蛋後，關小火至蛋熟後即可食用（溫馨提示：蛋底部要一匙的水才不會黏在鍋中）。

「養生補血蔬菜汁」食譜

材料：A菜50克、蘋果100克、鳳梨100克、紅蘿蔔100克、檸檬1/2個、蜂蜜（也可以更換主材料，如菠菜、芹菜等，變換蔬果汁的口味）

做法：將A菜、蘋果、鳳梨、紅蘿蔔依序放入榨汁機內榨汁；加入檸檬汁、蜂蜜調味即可。

效用：養生補血蔬果汁適合女性飲用，對過敏、皮膚粗糙有改善作用；可補血、整腸、消除疲勞。對慢性病患者、貧血及腸胃不好者也很有幫助。

三、結語

如上得知，食物的「寒」、「熱」性質，大多僅藉由周邊科學或經驗的累積呈現，尚無法用科學的方法來定性或定量食物。

雖然食材冷熱性尚無法用科學的方法來定性或定量，可是經過數百年經驗累積，也無所爭議性，而且獲得社會大衆認同，這也是我們食物上所謂的GRAS（generally recognized as safe，公認是安全的）。

配合春、夏、秋、冬四季氣候的變化，以及個人體質的陰、陽變異，調整食物食材的冷熱物性養身，亦是正確之養身之道。

第三節　食材的五色養生理論

一、何謂五行？

在談五色之前，我們先要瞭解什麼是「五行」，一般傳統的念法爲「金、木、水、火、土」，但套用在食材的養生理論，五行需改以「木、火、土、金、水」的念法，才能夠很快進入狀況。以下是五行的相互關係說明：

「木」燃燒→產生火→木生火

「火」熄了→產生灰土→火生土

「土」爲大地→大地蘊藏無數的礦物→土生金

「金」爲礦物→雨水滲入地下後，被礦物不透水層擋住，產生湧出水→金生水

「水」灌溉樹木→樹木成長茁壯→水生木

圖4-11　十二生肖五行相剋表

資料來源：https://kknews.cc/astrology/e55qz4.html

由此順序，我們得知「木生火、火生土、土生金、金生水、水生木→而後產生循環，生生不息」。也就是說，五行為「隔壁相生」，即依木、火、土、金、水的順序算。

五行當中有非常熟悉的四句話，如下：

1.「水火不相容」→水火為隔隔壁。
2.「眞金不怕火煉」→金火為隔隔壁。
3.「水來土掩」→水土為隔隔壁。
4.「木朽成土」→木土為隔隔壁。

也就是說，五行為「隔隔壁相剋」，相剋：跳一個就是相剋→就是隔隔壁。

依序是 木剋土、土剋水、水剋火、火剋金、金剋木。

二、由「五行」產生「五色」

五色是來自於中醫的五行學說。木爲綠色（養肝），火爲紅色（安神），土爲黃色（健脾），金原本應該是黃色，但黃色已被土使用，故改以白金的白色（潤肺）代表，水本應是透明白色，但白色已被金使用，故採黑水的黑色或紫色（補腎）。

三、三色蔬菜的來源

大家都知道三色蔬菜指的是「青豆、紅蘿蔔及玉米」，但爲何要這麼配呢？

從五行的概念來解釋，青豆爲綠色、紅蘿蔔爲紅色、玉米爲黃色，可以稱爲「綠生紅、紅生黃」，即爲「五行相生」。

從營養學觀點來看，玉米缺乏離胺酸，而青豆爲富含離胺酸，二者相配後產生營養互補。可是黃色與綠色相配非常不協調，不易引起人的食

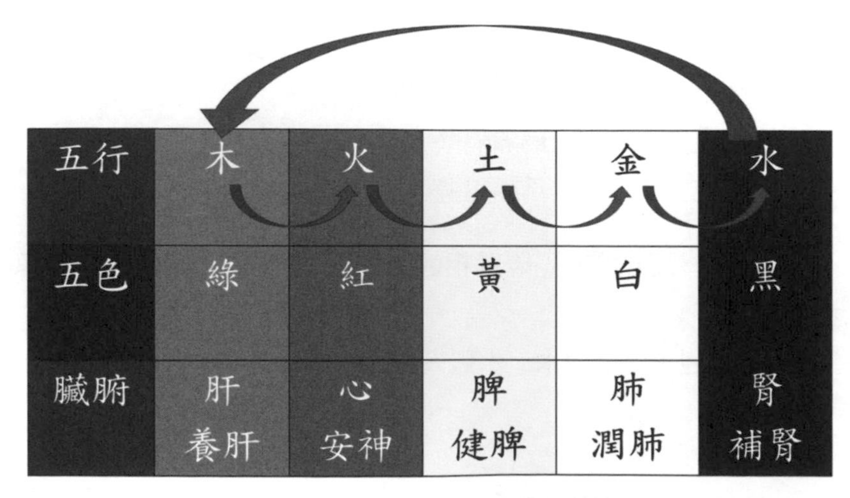

五行	木	火	土	金	水
五色	綠	紅	黃	白	黑
臟腑	肝 養肝	心 安神	脾 健脾	肺 潤肺	腎 補腎

圖4-12　五行、五色與人體臟腑對應表

慾。玉米是粒，青豆也是粒，我們需要找一種是粒且顏色不錯的食物來搭配，所以選上了紅蘿蔔。紅蘿蔔可切成粒，價錢也便宜，且富含紅蘿蔔素（維生素A的前身），紅蘿蔔素是不錯的抗氧化劑，對酸、鹼及熱都相當的穩定。也就是說，紅蘿蔔在三色蔬菜中扮演的角色為「燃燒自己，照亮他人」。

案例一討論 **如果要從三色蔬菜進一步擴充為四色蔬菜，您該如何做？**

1.此時該選的蔬菜為粒且是白色的。
2.馬鈴薯切成粒應是首選。

案例二討論 **如果要從四色進一步擴充為五色蔬菜，您該如何做？**

1.此時該選的蔬菜為粒狀且是黑色的。
2.黑木耳切成粒應是首選。
3.黑豆也可列入選項。

圖4-13 紅蘿蔔屬於五色當中的紅色食材

《在地食材36》書中也提到依照顏色區分的食材，**表4-4**也將明細列出供參考：

表4-4　綠黃紅三色食材之案例介紹

綠色	山蘇、青江菜、菠菜、秋葵、茼蒿、花椰菜、空心菜、青蔥等。
黃色	玉米、花生、黃甘薯、金針、玉米筍、韭黃、大豆等。
紅色	胡蘿蔔、番茄、紅辣椒、紅甜椒、紅莧菜、紅紫蘇、枸杞子、山楂、紅米、紫山藥、紅豆、紅薯等。

四、五味與五臟

中醫認爲飲食五味入五臟，能充分保養五臟，但若五味不均衡或太過則會傷及五臟。

(一)酸生肝

酸味食物有保護肝臟及增強消化功能的作用。以酸味爲主的酸梅、石榴、檸檬、橘子、桶柑、柳丁、葡萄柚、番茄、山楂，均含有豐富維生素C，可防治動脈硬化、防癌、抗衰老。

圖 4-14　檸檬是酸味食材

(二)苦生心

古有良藥苦口之說，苦味食物能泄、能燥、能堅陰，具有除濕和利尿的作用。例如：芝麻葉、橘皮、苦杏仁、山苦瓜、百合等，常吃能防止毒素的積累，防治各種瘡症。

(三)甘入脾

性甘的食物可以補養氣血、補充熱量、解除疲勞、調胃解毒，還具有緩解痙攣等作用，如紅糖、桂圓肉、蜂蜜、米麵食品等，都是補肝食物的不錯選選擇。唯精製性甘的食品，由於GI值（glycemic index；血糖生成指數）甚高，則易導致血糖升高，增加慢性病的機會。

(四)辛入肺

辛味食物有發汗、理氣之功效。人們常吃的蔥、薑、辣椒、胡椒及五葷（蔥、蒜、韮、蕎、薤），均是以辛味為主的食物，這些食物不但能保護血管，且有調理氣血、疏通經絡的作用，經常食用，可預防風寒感冒，但患有痔瘡便秘、腎經衰弱者不可食用。有受戒律之純素食者，則有五葷之禁忌。

圖4-15　山苦瓜則是苦味食材

(五)鹹入腎

鹹爲五味之冠，鹹味能調節人體細胞和血液滲透、保持正常代謝的功效。鹹味有泄下、軟堅、散結和補益陰血等作用，如鹽、海帶、紫菜、海蜇等海產含鹽的食物，均屬於優質的鹹味食品。

表4-5　酸、苦、甘、辛、鹹與五臟的相生相剋表

五行	木	火	土	金	水
五臟	肝	心	脾	肺	腎
五味	酸	苦	甘	辛	鹹
	酸屬木	苦屬火	甘屬土	辛屬金	鹹屬水
	酸入肝	苦入心	甘入脾	辛入肺	鹹入腎
	酸多 傷脾	苦多 傷肺	甘多 傷腎	辛多 傷肝	鹹多 傷心

經由**表4-5**可知「辛、酸」相剋，也就是說「酸辣湯」這一道菜有五行上的爭議，解法很簡單，烹調時只要添加些鹽即可得到相生之效果。

同理可知「酸、甘」相剋，也就是說「糖醋魚」這一道菜有五行上的爭議，解法很簡單，烹調時只要添加些盤飾「苦瓜絲」即可得到相生之效果。

五、三師會診——一份美味健康的飲食

「三師會診」指的是由中醫師負責食物的五行、營養師負責五色、廚師則掌管五味，有三方結合便能設計出健康又美味的食物，如**圖4-16**。

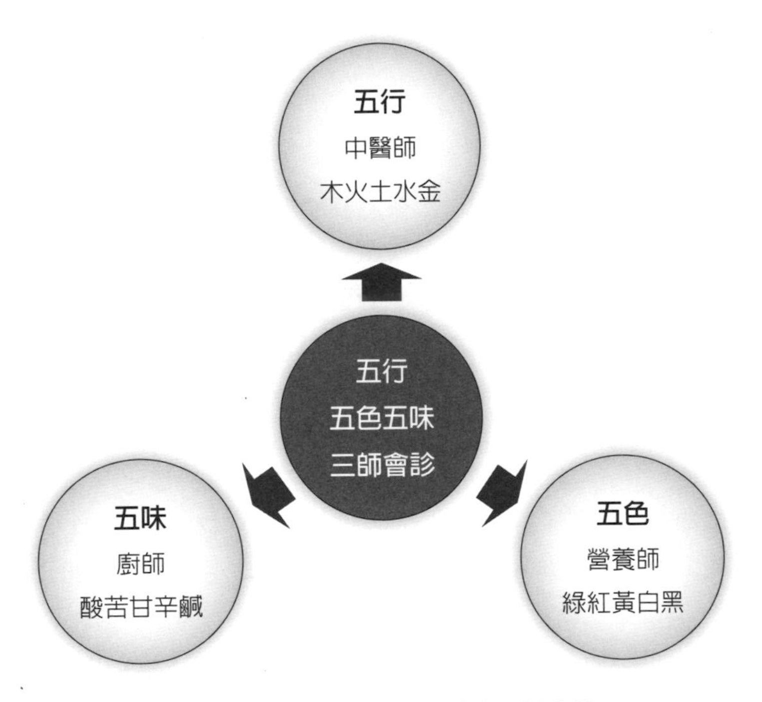

圖4-16 五行、五色、五味之三師會診

六、結語

五行、五色、五味、五臟之間的相生相剋，只要掌握了彼此之間的相互關係，並應用到日常的烹調養生中，相信能提供消費者健康的身體。

參考文獻

〈周易六十四卦順序，易經64卦圖解及卦序歌〉，壹讀網，https://read01.com/4D2ooxd.html#.Y_rar3ZBy5c，瀏覽日期：2023年2月26日。

〈衛福部規劃得供食品原料使用中藥材管理規範〉，https://www.mohw.gov.tw/fp-16-41115-1.html，瀏覽日期：2023年5月11日。

「十二生肖五行相剋表」，https://kknews.cc/astrology/e55qz4.html，2015年7月15日，瀏覽日期：2022年5月12日。

王鳳歧（2013），《中醫師的養生餐桌：三餐食材篇》，臺北市：八正文化。

向紅丁、成向東、張曄（2017），〈你必須知道的食物「五色」！吃對了五臟更健康！〉，https://food.ltn.com.tw/article/5424，瀏覽日期：2022年10月13日。

周易，https://baike.baidu.hk/item/%E5%91%A8%E6%98%93/6219，瀏覽日期：2023年2月26日。

姚瓊珠（2011），《五色養生在客家菜之應用研究》，中華大學企業管理系碩士論文。

姚瓊珠、陳淑莉（2010），〈五色養生飲食在客家菜之應用研究〉，2010五色養生飲食創新國際學術研討會。

神黃中醫智庫，〈淺析中藥中的「四氣」：寒、熱、溫、涼〉，https://kknews.cc/health/l63rmx2.html，2017年7月30日，瀏覽日期：2022年5月12日。

陰陽，維基百科，https://zh.wikipedia.org/wiki/%E9%98%B4%E9%98%B3，瀏覽日期：2022年5月12日。

陳惠惠等著（2010），《在地食材36》，臺北市：聯經出版。

Chapter 5

食材標示與認證制度

- 產銷履歷制度
- 有機農產品之標示
- 永續海產與海洋生態認證

食材或食品標示指的是消費者在購買過程中能透過標示的資訊，認識自己購買的食材或食品，保障個人基本的消費權益。過去數年，臺灣食安議題層出不窮，政府爲確保臺灣民衆的基本飲食安全，也同時參考國外先進國家的食材與食品標示與法規，多年來不斷精進食材的相關標示，希望透過法制規範業者，杜絕黑心食品。

本章主要將介紹臺灣近年來大力推行的在地產銷履歷制度，並以環境永續的相關食材標示作爲主要介紹內容，協助讀者不論是以消費者或是餐飲業者角度，都能夠對於購買的食材能有辨識基本資訊的能力，甚至透過採購的過程，一同爲環境永續盡份心力。以下將分節介紹產銷履歷制度，以及與環境永續相關的有機認證、海洋生態認證等標章，透過這些標示的認識瞭解食材採購的趨勢。

第一節　產銷履歷制度

農產品產銷履歷制度是一種農產品從農場到餐桌，在生產、加工、運輸、銷售過程完整記錄的安心保證制度，歐洲國家自1985年起即積極投入調查研究，並決定導入食品訊息可追溯系統，歐盟自2005年規範所有食品的銷售與販賣，必須具備可追溯生產者或加工者之資訊，並於2008年境內食品產銷履歷制度全面法制化，規範輸入歐盟農產品的各國生產者必須事先取得EurepGAP認證（GAP爲good agricultural practices的簡稱）。

同樣地，日本也在2001年3月於e-Japan戰略內容中，針對食品生產履歷項目，明訂2010年前實現所有食品的生產履歷之目標。

一、農產品產銷履歷制度的定義

所謂「農產品產銷履歷驗證制度」，指的是由農委會依據「農產品生產及驗證管理法」所推動，以農產品安全性、可追溯性及農業生產永續性爲目標訂定驗證基準，經輔導農產品經營業者據以實施後，由經認證符合國際規範之驗證機構，評鑑確認其對驗證基準之符合性，並給予符合者驗證及使用產銷履歷農產品標章之權限，期藉由驗證提升農產品市場競爭力及效益（產銷履歷農產品資訊網）。

二、農產品產銷履歷之標示介紹

目前臺灣市面上販售的產銷履歷農產品，都須通過驗證機構驗證程序後才能上市。驗證機構不但要先經嚴格評選，更有嚴厲行政罰則與刑事責任，以督促其善盡職責。一張標章代表驗證機構已經爲您親赴農民的生產現場，確認農民所記是否符合所做的，所做的是否符合規範，並針對產品進行抽驗。

依據規定，只有通過產銷履歷驗證的農產品才可以使用「產銷履歷農產品標章」（簡稱TAP標章），並標示以下資訊：

1.TAP標章。
2.品名。
3.追蹤碼。
4.資訊公開方式。
5.驗證機構名稱。
6.其他法規所定標示事項：農產品經營業者、地址及電話等。

農民如果能夠生產具「產銷履歷」的農產品，能夠強化自己產品在市場上的辨識性，對於建立品牌、培養消費者認同會更有幫助，TAP標章的優點如下：

1.提高產品辨識性，培養消費者認同：現今消費市場與通路相當重視農產品品質與安全。早期生產者提供之農產品在市場上缺少辨識性，產銷履歷制度可讓產品產製資訊更加透明，消費者更容易在商

圖5-1　產銷履歷認證標章

圖5-2　土雞的產銷履歷認證標章

圖5-3　石安牧場雞蛋獲得多種相關認證標示

品貨架上找到優質農產品。

2.提高生產品質，增加產品競爭力：產銷履歷驗證制度主要是由第三方驗證機構，依據「產銷履歷農產品驗證基準」驗證產品、管理標章使用及持續追蹤查驗，因此能夠確保產品品質。

3.加強風險控管與責任釐清：產銷履歷農產品的驗證制度有清楚的產品批次控管，一旦發生食安問題，主管機關可依追溯碼鑑別需要回收的產品，立即啓動相關因應與下架回收，保障消費者權益。

目前各縣市也鼓勵在地的特色農特產品能夠加入產銷履歷制度，讓外地或觀光客能夠購買到安心的在地農產品。**專欄5-1**及**專欄5-2**分別以採購方與供應方的角度來看食材的採購政策，與溯源資訊的提供之相關報導。

專欄5-1 摩斯漢堡的安心食材來源——綠色採購政策

安心食品對於食品秉持醫食同源的精神，用新鮮、綠色的食材，打造顧客健康又美味的樂活人生。堅持「綠色三合一採購」政策，讓顧客品嚐得到最安心、安全的美味餐點。在安心的企業社會責任網站的生產履歷網頁中，可以查詢當季使用蔬菜的產銷履歷及相關資訊，在店舖前擺設的小黑板上也隨時更新產地情報，即時與消費者進行溝通。

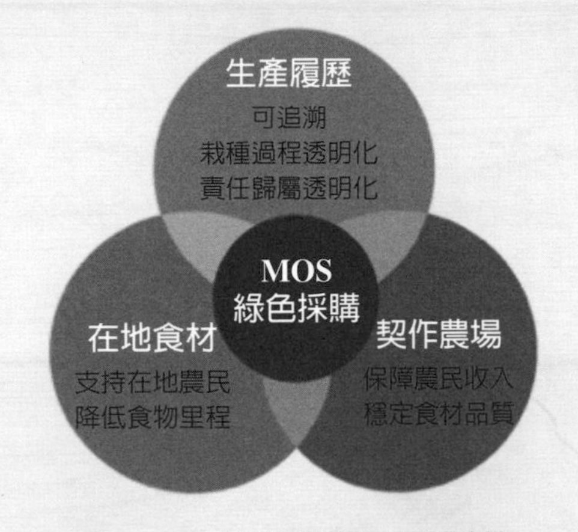

圖5-4 摩斯漢堡的綠色採購政策

有鑒於近來氣候變遷影響，天然災害發生的強度及頻率不斷增加，農民生產風險提高，為保障農民收益，以及考量風險管理概念，安心食品建立一套完整的農產品監督機制，以掌握農產品季節交替時的最佳品質。統購課專責人員會觀察每項農產品的產期、交接期等，進行供貨調節，穩定貨源、保障食材品質無虞。安心食品推動生產履歷制度，結合「在地食材」、「契作農場」，並積極推動「綠色三合一採購」政策，從顧客安心的用餐環境到友善環境保護，建立完善供應鏈，推動綠色永續經營。

資料來源：摩斯漢堡，食在安心平臺，https://lab.mos.com.tw/edcontent.php?lang=tw&tb=4&cid=63#:~:text

專欄5-2　品嚐趁現在，東北角餐廳掛「貢寮」旗端好料

現在是貢寮鮑產季，新北市政府漁業及漁港事業管理處表示，春天是適合出遊的季節，可搭乘臺灣好行「黃金福隆線」觀光巴士，造訪濱海公路沿線小漁港，也可至新北市貢寮澳仔漁港海邊，欣賞漁村風光、品嚐貢寮鮑。

漁業處表示，乘臺灣好行「黃金福隆線」觀光巴士，可造訪鼻頭、龍洞、和美、澳仔、龍門、福隆、卯澳、馬崗等漁港景點，而漁港周邊有懸掛「貢寮鮑」旗幟的海鮮餐廳，都有新鮮貢寮鮑料理。

漁業處說，「貢寮鮑」是貢寮地區養殖九孔及鮑魚的統稱，位於臺灣東北角的貢寮海岸多屬岩岸地形，又位處大陸沿岸冷流及黑潮的交會處，因此水質清澈且富含營養源，適合貢寮鮑生長，加上養殖過程中未使用藥物，培育出的貢寮鮑肉質緊實，口感鮮甜Q彈。

貢寮澳底漁港附近的新港海鮮老闆吳心能說，貢寮鮑現正鮮嫩肥美，乾煎、五味或是蔥油貢寮鮑，都能展現出貢寮鮑的柔嫩鮮美，民眾只要看到貢寮鮑旗幟，就知道這裏可以品嚐到貢寮鮑料理。

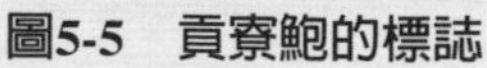
圖5-5　貢寮鮑的標誌

資料來源：陳心瑜（2021），《自由時報》，https://news.ltn.com.tw/news/life/breakingnews/3477334

第二節　有機農產品之標示

有機農產品指的是透過有機農業所生產出的食材，該農業是一種較不污染環境、不破壞生態，並能提供消費者健康與安全農產品的生產方式。有機農業有時亦被稱爲生態農業、低投入農業、生物農業、動態農業、自然農法、再生農業、替代農業或永續農業之一種。

一、定義

行政院農業委員會爲規範並輔導有機農產品之生產、加工及行銷，以維護消費者權益，保護生態與環境，確保自然資源永續利用，依據民國107年訂定的「有機農業促進法」，「有機農產品」之定義則爲：「指農產品生產、加工、分裝及流通過程，符合中央主管機關訂定之驗證基準，並經依本法規定驗證合格，或符合第十七條第一項規定之進口農產品。」

二、有機飲食的優點

由於有機食品的生產方式是以最天然的方式生產出來的產品，因此對現今講究食品安全的消費者而言，無疑提供一套完整的事前保護措施。以下就有機食品在食品安全上展現出來的優點進行說明（行政院農委會）：

(一)就食物美味而言

根據《美國農業貿易季刊》報導，全美國數百位美食主廚認同有機食品風味較一般食品爲佳。同時國內研究報告亦指出，有機農耕法栽培之稻米，其游離糖含量較高，以及直鏈澱粉含量較低，其食味品質較佳。

(二)就食品安全而言

根據《美國農業貿易季刊》報導指出，有機食品未必比傳統食品更有營養，但有機食品不用人工殺蟲劑、除草劑、殺菌劑及化學肥料，產品較爲衛生安全。

(三)就食物保存期限而言

有機農產品有耐儲藏性較久之特性。

三、國外有機食品之標章

由於採購食材的來源相當多元，除了認識本地的標章是必備的基本知識外，若是需要固定採購進口食材，更須認識國外的有機標章，以免買到假的有機商品。認證標章的主要目的是爲生產者證明產品合乎標準，同時協助消費者辨別有機農產品，保障生產者及消費者雙方之權益。

以德國爲例，在東西德合併以後，德東地區大力發展有機農業，於是薩克森（Sachsen）邦政府爲了推廣該邦的有機農產品而設立了有機農業標章如**圖5-6**。

到了1999年，在消費者及部分生產者對國家標章的殷切期盼下，原本薩克森邦的有機標章被採用爲德國「半官方」的有機農產品標章。之後，再由聯邦政府的消費者保護、營養與農業部部長發起，並由買賣業者及有機協會協議完成的全新官方有機農業標章，如**圖5-7**，並於2001年9月起正式使用。

歐盟國家則自1999年12月開始統一使用歐盟有機農產品標章。**表5-1**爲歐盟各國及日本的有機農產品標章，屬於全國性使用標章。

圖5-6 德國舊的半官方標章

圖5-7 德國新的官方標章

由上述各國有機農產品標章之發展過程可知，統一的標章受到消費者、生產者、行銷業者及政府部門的歡迎，最後將取代各有機協會的標章而成為主要的標示方式。

表5-1 歐盟各國及日本的有機農產品標章

歐盟（官方）	荷蘭（官方）	挪威（民間）
丹麥（官方）	西班牙（官方）	瑞典（民間）

（續）表5-1　歐盟各國及日本的有機農產品標章

瑞士（民間）	芬蘭（官方）	比利時（民間）
捷克（官方）	法國（官方）	日本（官方）

表5-2　國外有機葡萄酒的標章與要求規範.

國家	美國	歐洲	澳洲	紐西蘭
SO_2二氧化硫的使用規定	不能使用SO_2	紅酒100mg/L 白酒150mg/L	紅酒100mg/L 白酒100mg/L	紅酒100mg/L 白酒150mg/L
各國有機標章				

資料整理：張玉欣。

五、臺灣有機食品之標章

圖5-8 臺灣有機農產品標章

臺灣的有機農產品於2018年8月24日「農產品標章管理辦法」修正後，有機農產品標章重新設計，葉子之意象，代表農產品是大自然恩賜，輔以中英文有機字樣供消費者辨識。其深度意涵，以三片葉子代表驗證單位、生產者與消費者緊密結合且向上伸展，並以綠色代表純淨、不受污染之有機農業，象徵有機農業永續發展，如**圖5-8**。

截至2022年，由行政院農委會輔導之有機標章的驗證機構已達十六所，另臺灣規定有機標章須含「有機農產品標章」，並加上驗證單位的個別標章，因此也出現十六種有機認證標章之奇怪現象。因爲先進西方國家多會以統一標章方便消費者辨識。然而，臺灣的多種標章不僅對於國人來說有其辨識之難度，對於欲購買臺灣有機商品的消費者而言，更無所適從。國家統一有機標章的推廣該是未來努力的目標。**表5-3**爲臺灣官方目前授權的有機認證單位、認證內容與認證標章的內容。

表5-3 臺灣有機農糧產品驗證機構與其農產品與標章內容

有機農糧產品驗證機構	驗證農產品內容／標章內容
臺灣省有機農業生產協會（TOPA）	有機農糧產品、有機農糧加工品（個別驗證）

（續）表5-3　臺灣有機農糧產品驗證機構與其農產品與標章內容

臺灣寶島有機農業發展協會（FOA）	有機農糧產品、有機農糧加工品（個別驗證）
暐凱國際檢驗科技股份有限公司（FSI）	有機農糧產品、有機農糧加工品（個別驗證）
國立中興大學（NCHU）	有機農糧產品、有機農糧加工品（個別驗證）
環球國際驗證股份有限公司（UCS）	有機農糧產品、有機農糧加工品（個別驗證）
財團法人國際美育自然生態基金會（MOA）	有機農糧產品、有機農糧加工品（個別驗證）

（續）表5-3　臺灣有機農糧產品驗證機構與其農產品與標章內容

采園生態驗證有限公司	有機農糧產品（個別驗證）、有機農糧加工品（個別驗證）、有機水產品（個別驗證）、有機水產加工品（個別驗證）  
慈心有機驗證股份有限公司（TOC）	有機農糧產品、有機農糧加工品（個別驗證）、有機水產加工品（個別驗證）  
財團法人和諧有機農業基金會（HOA）	有機農糧產品、有機農糧加工品（個別驗證）  
中華驗證有限公司（ZHCERT）	有機農糧產品、有機農糧加工品（個別驗證）   
朝陽科技大學	有機農糧產品（個別驗證）、有機農糧加工品（個別驗證）  

（續）表5-3　臺灣有機農糧產品驗證機構與其農產品與標章內容

成大智研國際驗證股份有限公司	有機農糧產品、有機農糧加工品（個別驗證）、有機水產加工品（個別驗證） TAIWAN ORGANIC 有機農產品　有機農產品 ORGANIC CAIC成大智研　有機轉型期 TRANSITION ORGANIC CAIC成大智研
環虹錕騰科技股份有限公司	有機作物（個別驗證） TAIWAN ORGANIC 有機農產品　ORGANIC 環虹錕騰科技 hqt 有機農產品　環虹錕騰科技 hqt 有機轉型期
藍鵲驗證服務股份有限公司	有機作物（個別驗證） TAIWAN ORGANIC 有機農產品　有機農產品 藍鵲驗證 OB-202103001　有機轉型期 藍鵲驗證 OT-202103001
安心國際驗證股份有限公司	有機作物、有機加工、分裝及流通（個別驗證） TAIWAN ORGANIC 有機農產品　安心國際驗證 ANSHIN INTERNATIONAL CERTIFICATION 有機農產品　安心國際驗證 ANSHIN INTERNATIONAL CERTIFICATION 有機轉型期農產品
財團法人中央畜產會（NAIF）	有機畜產品、有機畜產加工品 NAIF NATIONAL ANIMAL INDUSTRY FOUNDATION 財團法人 中央畜產會

圖5-9　中興大學檢驗的有機農產品標示

圖5-10　中華驗證的有機農產品標示

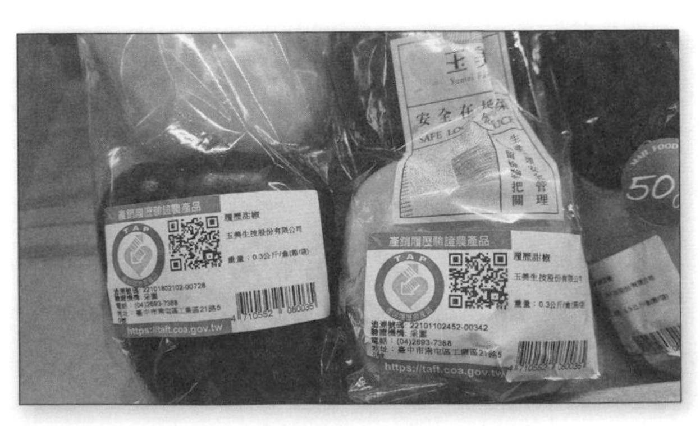

圖5-11　采園驗證的農產品標示

第三節　永續海產與海洋生態認證

一、永續海產之定義

1990年代初期才出現的「永續海產」一詞，來自英文的sustainable seafood，後來也被正式使用在聯合國糧農組織（FAO）的*The State of the World Fisheries and Aquaculture*之出版品。「永續海產」指的是魚類或蝦貝等海鮮從產地到消費者餐盤的過程中，對魚類種群或海洋環境影響產生最小的衝擊範圍。其概念強調的不僅是指對於捕撈海洋生物的數量管制，還包括捕獲的方式對其他海洋生物的影響，希望能夠正常維繫海洋生態系統的健康和自然功能。

FAO在2012年的報告中指出：「由於人類的管理不善、缺乏知識和競相從捕魚過程中獲利，導致過度捕撈，造成其他海洋生物生存的風險。人類在捕撈過程中除了捕獲預期中的生物物種外，尚有無辜、被間接殘害的『副漁獲』量高達數億，包括不被食用的魚、珊瑚、海龜、海豚和海鳥。」

永續海產可以是野生捕撈或是水產養殖。以前者來說，指的是能在海洋快速增長、生產力高的物種，並透過不損害海洋生態或捕獲大量非目標物種的方法捕獲；後者則指永續養殖，一般是指在小型的封閉水產養殖系統中進行，既不破壞沿海生態環境，也不依賴野生捕撈作為飼料的使用。

由於餐飲相關行業消費大量的海鮮產品，因此作為一位餐飲相關業者，更要對海洋或是地球的永續善盡責任。若業者在採購海鮮食材能夠以獲得海洋生態認證標章的海鮮作為優先選項，不僅能吸引對環境永續有相同認同感的消費者前往消費，也才能讓地球海洋生態永續經營。

目前世界認證制度的MSC（海洋管理委員會的「永續水產生態認證」）和ASC（水產養殖管理委員會的「永續水產養殖認證」）兩種獨立認證，分別針對海洋野生捕獲與水產養殖提供海產認證。

何謂MSC？

海洋管理委員會（Marine Stewardship Council, MSC）於1997年成立於英國倫敦，為獨立的非營利組織，主要是為海洋漁業的永續利用建立一套標準，藉由永續漁業的認證來鼓勵好的漁業管理。MSC的生態認證是全球唯一針對野生捕撈漁業、符合國際社會與環境認證及標誌聯盟訂定的「制定社會與環境標準之良好實踐準則」，及聯合國糧農組織之漁業認證準則。MSC認證由獨立第三方專業認證機構評估某項漁業是否符合MSC認證標準及是否有改善之處，MSC本身不干預認證的評估過程，以讓整個認證過程能維持客觀與中立性。

世界第一個MSC認證是由西澳岩龍蝦漁業在2000年3月取得，截至2016年，全球已有280個漁業取得認證。

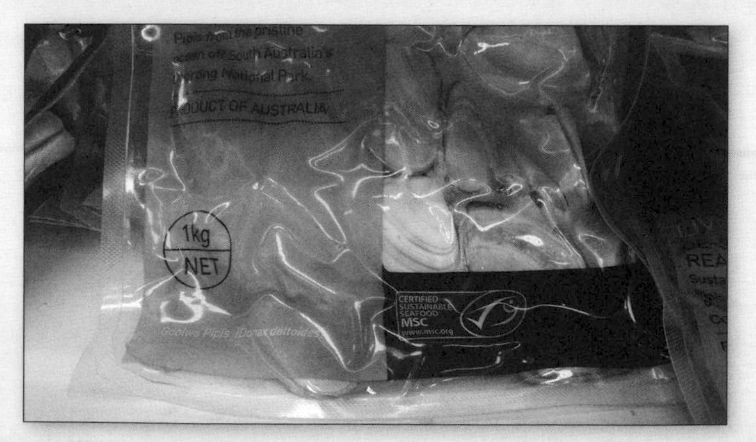

圖5-12　在澳洲亞洲超市的海鮮區可以買到具MSC的蛤蠣

何謂ASC？

水產養殖管理委員會（Aquaculture Stewardship Council, ASC）由世界自然基金會（WWF）和荷蘭永續貿易倡議（IDH）於2010年成立於荷蘭，為一個完全獨立、不以營利為目的的組織，旨在為水產養殖業提供世界領先的認證計畫。它涵蓋了全球範圍內的各種水產養殖過程，並考慮到農業的環境和社會方面， 以確保負責任的生產。ASC認證的產品還必須通過監管鏈（COC）標準認證。這為認證的ASC產品的購買、加工和銷售提供了規則。

目前已提供十二種重要養殖種類認證標準，包括鮑魚、二枚貝（bivalve，蛤、牡蠣、貽貝、扇貝）、淡水鱒魚、鮭魚、吳郭魚（羅非魚）、蝦、鯰魚、鰤魚及海鱺等，並持續進行永續養殖產品認證的工作。

二、致力於海洋生態認證的澳洲

澳洲是目前世界上獲得海洋生態認證最多的國家。澳洲對於海洋永續發展的承諾反映在獲得MSC認證的16項澳洲漁業、四百多種海鮮產品，擁有世界上相當完善的漁業管理。MSC專案總監Anne Gabriel表示：「我們鼓勵所有澳洲人懷抱信心進行購物，因爲我們知道選擇購買藍魚勾勾圖案的認證標章（blue fish tick）將有助於停止人類過度捕撈，並支援生計和糧食安全，可以保證人類在未來數年享用足夠的野生海鮮。」

三、臺灣現況

臺灣目前尚無任何漁業業種獲得MSC海洋生態認證，養殖漁業部分僅「臺灣鯛」的數家養殖業者在2013年之後陸續拿到ASC水產養殖認證，

Welcome

Everyone knows Aussies love their seafood, and here at Coles we're always looking for the top catch: the best selection of Australian-caught, responsibly sourced seafood.

We're forming partnerships with key suppliers to give you some of the best quality seafood Australia has to offer, such as ocean barramundi from Cone Bay in the Kimberly, WA, and saddletail and crimson snapper caught by Australia Bay Seafoods in the Gulf of Carpentaria.

By choosing Australian seafood from Coles, you can be confident in the quality and know that you're helping Coles support local producers. Plus, you'll rest easy knowing that all Coles Brand seafood is responsibly sourced.

In this handy guide, we showcase some of the beautiful Australian seafood available in store. You'll also find interviews with leading Aussie seafood companies, handy prep and cooking tips, and fantastic recipes for fast midweek meals. Enjoy!

Better choices

Here's good news: you can rest assured that all Coles Brand seafood - fresh, frozen or canned - has been responsibly sourced. Since 2015, Coles Brand seafood has come from independently assessed fisheries and aquaculture farms.

You'll see the letters MSC or ASC on seafood certified by the Marine Stewardship Council or Aquaculture Stewardship Council. The Responsibly Sourced Seafood logo means an independent auditor has checked how and where the seafood is caught, to help maintain healthy fish populations and habitats.

MARINE STEWARDSHIP COUNCIL (MSC) This global not-for-profit organisation protects the health of the world's oceans and tries to prevent overfishing. Look for seafood with MSC on the label or ticket - it's wild-caught and comes from a fishery that meets strict MSC sustainability standards.

CERTIFIED SUSTAINABLE SEAFOOD MSC www.msc.org

AQUACULTURE STEWARDSHIP COUNCIL (ASC) To meet ASC criteria, fish farms minimise their impact on marine life, protect local surroundings and support the local community. Look for seafood with ASC on the label or ticket.

FARMED RESPONSIBLY asc CERTIFIED ASC-AQUA.ORG

RESPONSIBLY SOURCED SEAFOOD Coles has developed an independently assessed program to meet responsible sourcing requirements. This means all Coles Brand seafood, both farmed and wild-caught, is sourced ethically.

RESPONSIBLY SOURCED SEAFOOD

圖5-13 澳洲龍頭超市之一Coles提供消費者海鮮消費指南，首頁即介紹MSC與ASC兩種海產認證，教育消費者

以下提供獲得ASC的臺灣養殖業者之相關報導。但臺灣大部分的民眾採購海產仍以「現流仔」作爲基本的消費思維。

林飛龍在2018年的〈要推永續海鮮標章，漁業署該怎麼做？〉一文中，曾指出澳洲之所以能夠快速於2000年之後陸續獲得漁業、養殖海鮮等相關國際認證，主要是澳洲政府介入協助的結果，或許臺灣相關單位可以重新思考在全球化環境下所需要承擔的海洋生態責任。

專欄5-4

南市臺灣鯛養殖領先全臺 有國際ASC認證

臺南臺灣鯛養殖技術首屈一指，養殖面積、產量、產值皆為全國第一，全國通過國際ASC認證的七家養殖户都在臺南。臺南市長黃偉哲上午前往學甲視察養殖場，協助漁民擴大產銷通路。

國際水產養殖管理委員會ASC認證，屬養殖水產品驗證標章中最高門檻且最新的認證基準，目前全球通過這項認證的吳郭魚（臺灣鯛）養殖户僅30户，其中臺灣有7户，都位在臺南。

臺南市政府自民國101年起輔導南瀛養殖生產協會，協助臺灣鯛養殖業者進行「ASC-ISRTA（Aquaculture Stewardship Council- International Standards for Responsible Tilapia Aquaculture）負責任的鯛魚養殖國際標準認證」（簡稱ASC認證），以強化臺灣鯛品質，區隔市場建立自我品牌，進而提高漁民收益。目前全國有7户通過認證，都是位在臺南的養殖户，認證面積達65公頃，年產量約2000公噸。

過去ASC認證的臺灣鯛產品主要外銷到歐洲、日本市場，今年則與國內大型通路商洽談合作，提高ASC認證臺灣鯛契作數量，強化國內市場購買率。

農業局表示，認證機制是各國吳郭魚在國際市場嶄露頭角的重要契機，目前國內取得ASC認證的養殖業者雖為少數，但越來越多年輕的養殖業者認同永續生產的理念，採用對環境負責的方式進行生產。市府將持續輔導漁民爭取獲得ASC國際認證，提升養殖漁產品質達到國際水準，促進外銷產量，並拓展多元且穩定的行銷通路，讓臺灣鯛產業永續發展。

依農業局數據，臺灣鯛是臺南養殖漁業的代表魚種之一，養殖區域主要分布於學甲、麻豆、下營、六甲及官田，養殖面積約1,200公頃，產量約28,000公噸，占全臺總產量40%以上，產值達新臺幣12億元，養殖面積、產量及產值皆為全國第一，全年皆有生產，一半外銷出口，以美國、中東、澳洲及加拿大為主，受各國市場肯定。

資料來源：張榮祥，中央通訊社，2021年4月13日，https://www.cna.com.tw/news/aloc/202104130180.aspx

參考文獻

一、中文部分

〈先進國家有機農產品的標章與標示〉，有機農業全球資訊網，2018年12月17日，https://info.organic.org.tw/3090/，瀏覽日期：2021年11月30日。

〈保麗龍杯裝飲料恐致癌 環保署擬全面禁止〉，《自由時報》，https://features.ltn.com.tw/spring/article/2017/breakingnews/1196409，瀏覽日期：2021年1月16日。

〈強冠製造黑心油 「全統香豬油」全面下架〉，《自由時報》，https://news.ltn.com.tw/news/society/breakingnews/1097907，瀏覽日期：2021年1月17日。

中國生產力中心編輯部，〈吃得安心 農產品產銷履歷〉，https://akmp.cpc.org.tw/zh-tw/post/contents/852#:~:text，瀏覽日期：2023年1月1日。

古源光、廖遠東、劉展冏（2009），〈食品科技與安全：農產品產銷履歷制度〉，《科學發展》，第441期，https://ejournal.stpi.narl.org.tw/sd/download?source=9809/9809-06.pdf&vlId=9ED1A3C3-D349-4C92-B160-94210B1A9E55&nd=0&ds=0，瀏覽日期：2021年1月17日。

有機農業全球資訊網，https://info.organic.org.tw/6003/，瀏覽日期：2021年1月17日。

食品安全衛生管理法，全國法規資料庫，https://law.moj.gov.tw/LawClass/LawAll.aspx?PCode=L0040001，瀏覽日期：2021年1月31日。

高金次（2020），〈新北市貢寮鮑有產銷履歷 貢寮鮑食安心〉，https://n.yam.com/Article/20201225378161，瀏覽日期：2021年1月17日。

張玉欣（2019），〈還在吃「現流仔」嗎？——從永續海產角度重新思考〉，《料理・臺灣》，第44期。

張玉欣（2021），《飲食文化概論》（第四版），新北市：揚智文化。

張玉欣（2023），《世界飲食文化概論》（第四版），新北市：華立出版。

張玉欣、柯文華（2021），《飲食與生活》（第二版），新北市：揚智文化。

產銷履歷農產品資訊網，https://taft.coa.gov.tw/ct.asp?xItem=3001&CtNode=269&role=C，瀏覽日期：2022年1月26日。

陳心瑜（2021），〈品嚐趁現在，東北角餐廳掛「貢寮」旗端好料〉，《自由時報》，2021年3月24日，https://news.ltn.com.tw/news/life/breakingnews/3477334，瀏覽日期：2023年4月20日。

陳奕賓（2020），〈食安事件頻傳 看懂食品身分證「產銷履歷」6大重點〉，健康2.0，https://health.tvbs.com.tw/regimen/323929#11 food trends we'll be seeing，瀏覽日期：2021年1月28日。

曾義昌，〈食品標示與營養標示〉，https://www.tcavs.tc.edu.tw/upload/1020911181620.pdf，瀏覽日期：2021年1月28日。

葉懿德（2020），〈「一萊擋百豬」 豬肉標示亂象，消費者怎辨識？〉，《康健雜誌》，https://today.line.me/tw/v2/article/npJNzM，瀏覽日期：2021年1月31日。

歐瀚隆、李雅雯、羅珮瑜（2019），小世界（Newsweek），http://shuj.shu.edu.tw/blog/2019/10/02/%E5%A1%91%E8%86%A0%E5%90%B8%E7%AE%A1%E5%BC%95%E5%95%8F%E9%A1%8C-%E6%94%BF%E7%AD%96%E6%BC%B8%E9%80%B2%E6%94%B9%E5%96%84/，瀏覽日期：2021年1月16日。

二、外文部分

Katherine Scott (2021), '11 Food Trends We'll Be Seeing More of in 2021', https://kitchen.nine.com.au/latest/11-food-trends-well-be-seeing-more-of-in-2021/421aab95-649c-4475-afa6-6a7700ebb20f，瀏覽日期：2021年1月20日。

'Overview of the Organic Wine Market', https://divawine.com/overview-organic-market/，瀏覽日期：2021年11月30日。

Chapter 6 食材選購與利用原則(一)

- 選擇食材的影響因素
- 五穀雜糧的選購與利用
- 肉類的選購與利用
- 海鮮的選購與利用

每個人都有採買食材的習慣與經驗，而這些可能是由長輩傳承下來的生活經驗，也可能是透過書本上的知識學習或是其他媒體的資訊傳遞而影響。但資訊有些可能是誤傳，或是引導偏頗。本書第六、七章的內容，將先帶領讀者認識有那些因素會影響採購或選擇食材，之後再以實務上的操作，以食材分類爲基礎，介紹如何正確挑選食材、購買食材，並正確利用它們，達到該有的經濟效益與美味、健康功能。

第一節　選擇食材的影響因素

Whitehead（1984）曾提到有三個因素會影響人們選擇食材的過程，包括：

1.食材的熟悉度（familiarity of ingredients），如臺灣人的早期飲食經驗，很少食用像是「朝鮮薊」這一項蔬菜，在傳統市場較不容易看到這項食材。

2.食材的健康功能（healthy ingredients），如特別強調花椰菜、藍莓等的抗氧化效果，便會吸引消費者購買。

3.食材的本質（nature of ingredients），這裏指的是食物的冷熱本質，如臺灣人喜歡在夏天吃苦瓜或是西瓜等，爲的是其「涼性」可以降火。

但除了食材本身的特性會影響採購的內容，人類選擇吃的內容不僅僅取決於生理或營養需求，還包括許多其他因素，詳細內容說明如下：

一、生理因素

此爲人類從事飲食行爲的最基本需求，如饑餓、食慾和味覺等生理因素。能夠溫飽後，才會考慮吃得巧。特別是以下兩點：

(一)嗜食性（palatability）

味道與某人在吃特定食物時體驗到的快感成正比。它取決於食物的感官特性，如味道、氣味、質地和外觀。像是甜味和高脂肪食物具有不可否認的感官吸引力。因此，食物不僅被視爲營養的來源，而且經常因其所賦予的快樂價值而被消費。

(二)感官（sensory aspects）

感官方面的「味道」一直被認爲是對食物行爲的主要影響因素，實際上，「味道」是攝入食物產生的所有感官刺激的總和。這不僅包括味道本身，還包括食物的氣味、外觀和質地。這些感官方面被認爲會影響自發性於食物上的選擇。

熟悉的味道即是從很小的時候累積的經驗結果，就會影響對食材（物）選擇的行爲。口味偏好和食物厭惡是透過生活經驗所發展出來。

二、經濟收入

消費者本身的經濟收入多寡會影響對於食材價格的認知。食材成本是消費者選擇食物的主要決定因素。但此食材之價格是否合理的認知，又是從一個人的收入和社會經濟地位來視之。2021年爆發烏俄戰爭，全世界便陷入糧食危機的恐慌，由於取得食材不易，食材成本大漲，這個因素也會影響消費者選擇上的決定。

從個人收入來看，低收入群體更傾向於食用不均衡的飲食，特別是水果和蔬菜攝取量會偏低；然而經濟收入佳的人，不一定獲得更高品質的飲食，只能說可以選擇的食物範圍較爲廣泛。

三、外在環境

除了家庭環境外，人類在外接受的食物教育、烹飪技能，以及可利用的時間，均會影響採購食材的內容。若有較多機會在餐廳外食，也可能將外食經驗的特色飲食帶回家裏，嘗試自行烹煮。

食材的可及性是影響食物選擇的另一個重要物理因素，這取決於交通和地理位置等資源。與超市相比，在一般傳統市場所提供的食材，似乎更受臺灣人的青睞。

四、社會與文化

人們選擇消費的食物之內容與內涵，本質上受到社會和文化的環境限制與影響。

(一)社會影響

研究顯示，社會階層在食物和營養攝入方面有明顯的差異。不良飲食會導致營養不足（微量營養素缺乏）和營養過剩（能量消耗過多導致超重和肥胖）；社會不同階層面臨的問題，均需要採用不同程度的知識和干預方式來解決。

(二)文化影響

文化影響會導致消費者習慣性消費某些食物並產生與他族群有不同的傳統食物。例如雅美族（達悟族）因爲傳統文化規範，不同的性別有不同的吃魚規定。另外，家庭本身的族群背景、宗教因素等等都可能影響食材的選擇。然而，文化影響是可以改變的：如搬移到一個新的環境，特別是搬到一個文化完全相異的國家，人們會調整過去的飲食習慣，改採用當

地文化的特定飲食習慣。

五、心理因素

這裏指的是情緒、壓力和內疚影響到飲食行爲。心理壓力是現代生活的共同特徵，可以改變影響健康的行爲，如身體活動、吸煙或食物選擇。有些人在經歷壓力時吃得比平時多，有些人吃得比平時少。但也有些食物會讓人產生罪惡感，例如環境議題近年來受到關注，尤其是牛肉的取得過程與碳排放量成正比，有些人便會因爲內疚與罪惡感，選擇少吃牛肉，或是參與星期一「無肉日」的活動。

第二節　五穀雜糧的選購與利用

本節將針對五穀雜糧進行食材的基本介紹、選購與利用之方式。

以傳統的民間說法，「五穀雜糧」一般是指「稻、黍、稷、麥、菽」。其中稻指的是稻米、糙米；而黍爲黃米或玉米；稷指小米；麥則指涵蓋大麥、小麥、蕎麥、燕麥等麥類；最後菽就是一般豆類，例如大豆、紅豆、綠豆等；雜糧指的是除上述以外的雜食，例如南瓜子、薏仁、核桃等。

以現在社會與餐飲產業常用的五穀雜糧一詞，則可分爲：稻穀、麥類、大豆、玉米、薯類。人們則習慣將稻穀、麥子以外的糧食稱之爲雜糧。

一、稻米

在臺灣，白米飯是最常作爲主食的全穀雜糧類食物，臺灣人習慣的食米類爲蓬萊米，另外臺灣尚有種植在來米與糯米兩種，依據品種、外觀特性及烹飪方法將米類分爲蓬萊米、在來米、長糯米、圓糯米等類，其詳細分類與利用原則見**表6-1**。由於米類屬於乾貨，選購時應該特別注意販

表6-1　臺灣米的分類

名稱	利用原則
蓬萊米	又稱為梗米，米粒外觀透明飽滿，米身短且粗，適合於煮一般的白飯。
在來米	又稱為秈米，米粒外觀透明飽滿，米身長且尖，適用於製作米製品，如發糕、米苔目、蘿蔔糕、碗粿等。
長糯米	米身尖且細，含水分較少，熟製後不黏手，適用於包粽子、油飯等鹹食。
圓糯米	米身短且粗，含較多水分，熟製後較黏，適用製作甜食為主，如湯圓。

售稻穀的環境是否乾燥、清潔、乾淨，以下是選購時須注意之事項：

1.辨別稻穀：米粒飽滿、大小顆粒均勻完整、無雜物等。
2.檢查包裝完整，無破損現象。
3.查看外觀是否有發霉或變色的現象。

二、麥類

小麥、大麥、燕麥、蕎麥等都屬於麥類，其分類與利用原則如**表6-2**之詳列。由於麥類是屬於乾貨，選購時與稻穀相同，須注意販售的環境是否乾燥、清潔、乾淨，這對於購買後的保存期及使用相當重要，對於產品的選購說明如下：

1.辨別麥類：米粒飽滿、大小顆粒均勻完整、無雜物等。
2.對於麥粉（麵粉）的辨別：麵粉顏色爲略帶淡黃色爲佳。
3.檢查包裝完整，無破損現象。
4.查看外觀是否有發霉或變色的現象。

麥類當中的小麥在臺灣的使用量極大，且極大比例是採進口獲得該食材。小麥多用來磨製麵粉，以製成麵類食物，如麵條、蔥餅、麵包等。麵粉依據蛋白質成分含量高低可分爲：高筋麵粉、中筋麵粉及低筋麵粉等三類，並各自有適合製作的用途。

表6-2　麥類在臺灣的分類與利用原則

名稱	利用原則
小麥	1.磨成粉（麥粉）：主要可以製作成蛋糕、麵包、饅頭、麵條等食物。 2.小麥發酵後：可以製作酒類、醬油、醋、葡萄糖等。 3.未加工過的小麥：比較硬難吞嚥，所以一般會用來加工或用作家畜飼料用。
大麥	1.磨成粉（大麥粉）：因為含蛋白質成分低，所以不太適合製作發酵麵包，可以用來製作非發酵食物，如麥片粥。 2.大麥發酵後：可以製作酒類，如釀造啤酒，或加工成麥芽糖或發酵味增。 3.未加工過的大麥：直接煮來吃或用作家畜飼料用。
燕麥	1.磨成粉（燕麥粉）：可用來做成麵包。 2.燕麥發酵後：也可以用來釀酒。 3.燕麥可以煮成飯或煮成燕麥粥，或加工製成麥片等。
蕎麥	磨成粉（蕎麥粉）：需要搭配麵粉，特別適合製作麵條，麵條具有高彈性，口感Q彈。

表6-3　麵粉的分類

名稱	說明
高筋麵粉	麵粉筋性強，蛋白質含量約11~13%，適合做麵包。
中筋麵粉	麵粉筋性適中，蛋白質含量約9~11%，適合做中式點心。
低筋麵粉	麵粉筋性低，蛋白質含量在8%以下，適合做蛋糕。

圖6-1　麵粉依據筋性不同，適合製作不同麵食

三、大豆

市場常見的黃豆、毛豆、黑豆等都是大豆，包括新鮮豆類、豆製品或是或乾貨類之豆類，詳細分類與利用原則如**表6-4**。其中黃豆及黑豆是屬於乾貨，選購時應該特別注意販售的環境是否乾燥、清潔、乾淨；而毛豆則屬於生鮮或冷凍。以下爲對於豆類產品選購的相關說明如下：

1.辨別大豆：豆粒飽滿、大小顆粒均勻完整、無雜物等。
2.檢查包裝是否完整，有無破損現象。
3.外觀是否有發霉或變色的現象。

表6-4　大豆類在臺灣的分類與利用原則

名稱	利用原則
黃豆	1.黃豆磨成粉可以製作豆腐、豆漿、豆乾等，是烹飪菜餚的常用材料。 2.黃豆發酵後可以釀造醬油，是調味料的重要成分。 3.黃豆泡軟直接煮熟後，可以加入各式炒飯，滷黃豆也是可口的菜餚。
黑豆	1.黑豆發酵後也可以釀造醬油。 2.黑豆可以泡軟直接煮熟後，可以加入各式炒飯。
毛豆	毛豆屬於未成熟的大豆，顏色為綠色，其使用為生鮮食材使用。常用的烹飪方法有：涼拌（帶殼煮熟後待涼，加入調味料）、炒（去殼燙熟後加入其他材料）如：青豆炒蝦仁等。

四、玉米

玉米多指新鮮的玉米，但亦包括冷凍新鮮玉米粒、玉米筍等生鮮食材。但也有製成玉米粉，又稱玉米澱粉，由玉米萃取出，經過乾燥後的粉類，常用於布丁預拌材料等作爲凝固之用。玉米的詳細分類與利用原則如**表6-5**。相關玉米產品的選購則說明如下：

表6-5 玉米產品之分類與利用原則

名稱	利用原則
新鮮玉米	1.新鮮完整的玉米，通常有水果玉米、糯米玉米等，直接用水蒸法蒸熟後直接吃。 2.新鮮玉米粒，保存以冷凍為主，或直接從完整玉米脫下來後直接作為烹調食材使用，也可以燙熟後冷凍保存作為菜餚搭配，如：炒三色肉丁。
玉米筍	適合汆燙、調製沙拉或快炒等。
玉米粉	1.可製成玉米相關主食，如墨西哥玉米餅。 2.以凝固作用為主，如製作布丁。

1.辨別玉米：豆粒飽滿、大小顆粒均勻完整、無雜物等。

2.檢查玉米的包裝是否完整，有無破損現象。

3.查看玉米外觀是否有發霉或變色的現象。

4.玉米筍的選購最佳時機與狀況是出筍後3~5天時期之嫩芽。

5.辨識玉米粉，主要用目測爲白色、略帶黃色粉狀。

圖6-2 用玉米粉製成的墨西哥玉米餅（taco）

五、薯類

烹飪常用的薯類以番薯和馬鈴薯爲主，也製成相關澱粉製品，如地瓜粉、馬鈴薯粉等。**表6-6**爲其分類與利用原則。薯類在選購時，應注意以下原則：

1.要選擇薯塊形體完整、平滑，表面不會凹凸不平的較佳。挑選地瓜時，以寬胖厚實的地瓜爲佳。避免選擇已遭外力壓迫而斷裂的地瓜。

2.新鮮馬鈴薯選購時除了注意表皮是否完整，更應該確定不能長出薯芽，發芽的馬鈴薯會產出大量的「茄鹼」毒素。

3.選購馬鈴薯的加工冷凍產品，必須注意儲存的溫度是否合宜，還要注意檢查包裝是否完整等。

表6-6　薯類在臺灣之分類與利用原則

名稱	利用原則
番薯（地瓜）	地瓜有紅、黃、紫色三種地瓜。地瓜所含的澱粉的細胞壁還沒經過高溫分解，不易被人體吸收消化，生食容易出現打嗝、腹部脹氣，對腸胃的消化不利，所以建議地瓜最好是完全熟透才吃。一般可以用烤、水煮，或是製成地瓜薯條等。
新鮮馬鈴薯	新鮮馬鈴薯成分多為澱粉，除了作為主食，也可以是菜餚。 1.作為主食時，可以簡單剖半或完整用蒸、焗烤等方式。 2.如果作為菜餚使用時，因為成分多澱粉，切割後須泡水放置，以免變色，在烹飪時，需要炸過，以免烹飪時，澱粉經過烹飪而糊化，如：紅燒馬鈴薯排骨等；也可以直接蒸熟壓泥調味直接食用。
馬鈴薯冷凍加工半成品	常見的馬鈴薯冷凍加工半成品有：薯餅、薯條等。薯餅通常是馬鈴薯切丁加入其他少量澱粉，製成薯餅炸成半成品，冷卻後以冷凍保存，需要使用時再用油炸至熟及表皮至酥；薯條則是馬鈴薯切條初步炸出脆皮，冷卻後以冷凍保存，需要食用時，再炸至內軟表皮酥，此種烹飪的方式，以西式餐飲店為主，如：麥當勞。
地瓜粉	經過乾燥後的粉類，常用於裹粉油炸用，也製作粉圓使用等。
太白粉	經過乾燥後的粉類，常用來勾芡、燴等之原料。

圖6-3 臺灣的地瓜種類繁多

4.辨識地瓜粉，除了用目測為白色粉狀，更可以用手指捏感，有顆粒感。

5.由樹薯澱粉、馬鈴薯澱粉中萃取出來的太白粉，在選購時，除了用目測確認為白色粉狀外，也可以用手指捏感，具滑順感為佳。

第三節　肉類的選購與利用

在烹調食材當中，肉類常作為主菜，品質非常重要，稍微有一些瑕疵，就不能使用，而且在味覺及視覺很容易感覺到，所以對於肉類的選購或烹飪都要非常小心。選購時除了需掌握肉品廠商本身的信用、品質、需求數量、交貨時間、價格等，也須注意食材的烹飪需求，瞭解食材本身的特性。以下為肉品選購的基本原則：

1.購買場所的環境是否合宜，包括肉類儲存需冷凍或冷藏，如果溫度沒有控制好，購買後很容易細菌汙染及敗壞等。

2.注意肉類的外觀色澤是否鮮紅、無異味、有彈性等。

3.外包裝的標示說明是否完整？如：生產日期、有效期限、儲存溫度等。

以下將分別介紹家畜、家禽等肉類的部位介紹與利用原則：

一、家畜肉類

一般用於烹飪用途的家畜肉類，指由人類所飼養、馴化，並可用於食用等各種功能，以豬、牛、羊等爲主，但其他少見的食用性肉類，尚有鹿肉、山羌肉、馬肉等。各個部位所展現的口感、用途均不盡相同，都各有適當的烹調方式。**表6-7**爲家畜肉類在部位的基本區分與利用原則，之後則將細分豬肉、牛肉、羊肉等三類進行更詳細的說明。

表6-7　家畜肉類的部位介紹與利用原則

名稱	部位	利用原則
家畜肉類：豬肉、牛肉、羊肉等。	肩胛部	肩胛肉肌肉發達、筋多、堅實、肉質嫩且富油花，可使用於火鍋片及燒烤用肉，更是極佳的（豬）牛排。
	背脊部	位於背脊中央的部位，帶有肋骨，油脂偏少、肉質富咬勁。 因為肉質纖維細且比較緊密，比較適合短時間的烹煮，如：厚切做成炸豬排、煎牛肋排，若是切絲快炒的口感有肉的咬勁Q彈。
	腹脇部	指的是家禽背脊部下方的肚腩部位。皮、豬油、肉分層清楚，俗稱「五花肉」，又被稱為「三層肉」。 因為含有大量油脂，所以肉的風味特別強烈，所以烹飪以切薄片炒或切塊燒風味特佳。
	後腿部	後腿肉特性是：肌肉很多，肥肉也很厚實，瘦肉纖維粗所以比較硬，口感比較柴。烹飪時比較適合滷或燒。

(一)豬肉

依照豬隻的部位不同，可分爲：肩胛部、背脊部、腹脇部、後腿部四部分，說明與圖示如**表6-8**和**圖6-4**。

圖6-4　豬肉部位示意圖

資料來源：（財）中央畜產會。

表6-8　豬肉部位名稱說明

名稱	內容
肩胛部（shoulder）	肩胛肉、肩小排、胛心肉、前腿肉、前腿外腱肉。
背脊部（loin）	大排、小排、大里肌、小里肌。
腹脇部（side）	又稱五花肉、三層肉或方肉。
後腿部（leg）	內腿肉、外腿、腿心、腱子肉。

圖6-5　臺灣有名的黑毛豬產地

(二)牛肉

牛肉依照部位不同可分爲肩胛部、肋脊部、腰脊部、前胸、胸腹、腹脇部、後腿部等幾個部位，如**圖6-6**與**表6-9**說明。

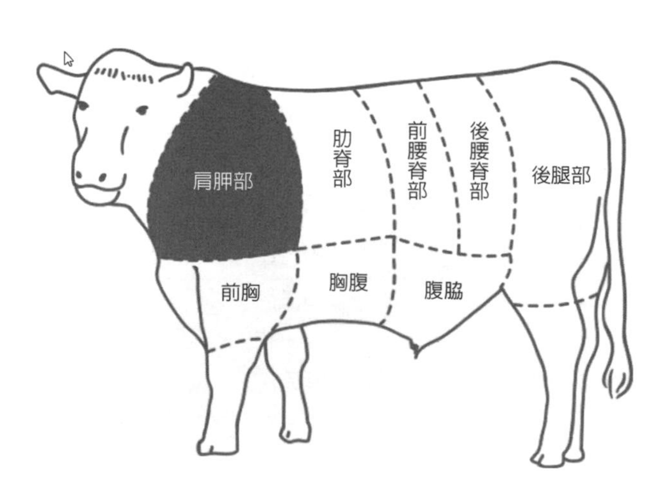

圖6-6　牛肉部位示意圖

資料來源：美國牛肉協會，https://usmef.org.tw/beefcuts

表6-9 牛肉部位名稱說明

名稱	細部名稱
肩胛部（chunk）	下肩胛肉、下肩胛翼板肉、下肩胛襯底板肉、去骨肩胛小排、修整上肩胛肉、板腱、上肩胛心、肩胛小菲力、肩胛里肌（黃瓜條）。
肋脊部（rib）	含側唇肋眼（4"×3"）、含側唇肋眼（2"×2"）、肋眼心、肋脊側蓋肉、肋眼蓋肉、帶骨牛小排、去骨牛小排、肋條。
腰脊部	1.前腰脊肉（short loin）：帶側肉、去脂腰里肌肉、去骨前腰脊肉（紐約克）。 2.後腰脊肉（sirloin）：上後腰脊肉、去骨上後腰脊肉、上後腰脊蓋肉、下後腰脊翼板肉、去脂下後腰脊角尖肉、下後腰脊球尖肉。
前胸（brisket）	牛前胸肉、去骨前胸板肉、修清前胸腋肌。
胸腹（short plate）	胸腹肉、胸腹眼肉、日式胸腹肉、胸腹肋條、內側胸腹板肉、外側胸腹板肉。
腹脇部（flank）	腹脇肉排。
後腿部（round）	上（內側）後腿肉（頭刀）、去皮脂後腿股肉（和尚頭）、後腿股肉心、外側後腿眼肉（鯉魚管）、外側後腿板肉。

圖6-7 乾式熟成的牛肉

圖6-8　臺灣相當流行的戰斧牛排

(三)羊肉

羊肉依照部位不同，可分爲：肩部、背部、腰部及腿部肉，詳細圖示與內容如**圖6-9**與**表6-10**。

圖6-9　羊肉部位示意圖

表6-10　羊肉部位名稱說明

名稱	內容
肩部肉（shoulder）	脛腱較多。
脊部肉（rack）	背肉上帶有肋骨，又稱排骨肉，最佳部位多位於此處，如羊排（lamb cutlet），或是羊肋排（lamb rack）。
腰部肉（sirloin, loin）	不帶肋骨的背部肉。
腿部肉（leg, shank）	脂肪最少，多是整塊羊腿下去火烤。

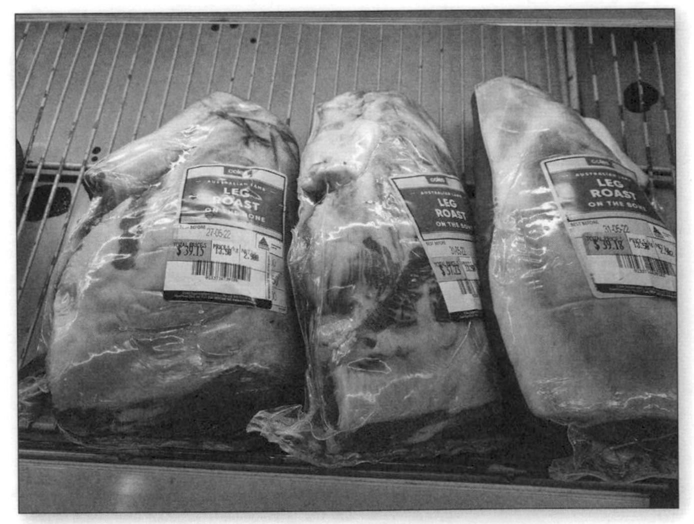

圖6-10　澳洲Coles超市販賣的羊腿肉

二、家禽肉類

家禽肉類指的是人類豢養的鳥類動物，可分爲雞、鴨、鵝等。其切割方式大致相同，大體可分爲頭頸、脊椎、翅膀、胸肉、柳條、腿肉等部位，其分類與利用原則如**表6-11**。

表6-11　家禽肉的部位介紹與利用原則

名稱	說明
頭頸、脊椎	大多以骨頭居多，可以去皮，用來熬高湯。
翅膀	分為翅腿、翅身、翅尖等三部分。以烤或滷味道特佳。
胸肉	位於腹部，色澤較淺，肉質厚實軟嫩，且嫩而無筋。適用於切絲炒、炸或熟後撕成絲涼拌，如涼拌雞絲。
柳條	在靠近胸骨內側有兩條柳條，為全身最嫩的部分。乾煎或水煮均適合。
腿肉	色澤較深於其他部位，肉質厚實且富有彈性。適用多種烹飪方法，如燒、炸、滷等，口感Q彈。

圖6-11　放養雞的腿肉

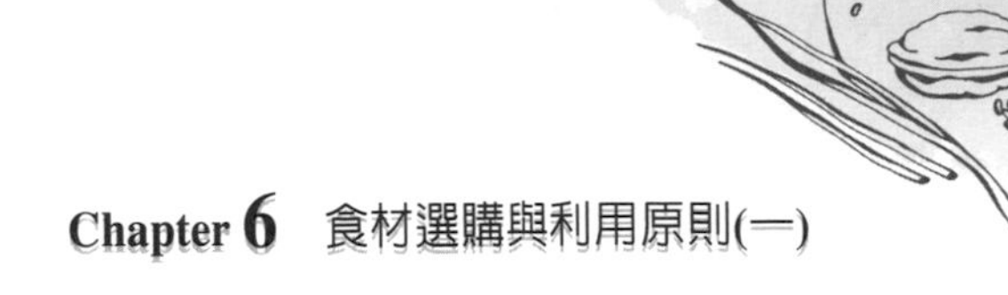

第四節 海鮮的選購與利用

一、海鮮的分類

海鮮類食物是指來自於地表水域中的水產動物，依其種類可分爲：魚類、軟體動物、節肢動物等類別，分類如**表6-12**。

表6-12 海鮮之分類說明

	類別	說明
魚類	淡水魚	指生長於淡水水域的魚類，而目前食用之淡水魚多數為人工養殖的魚類，如吳郭魚、虱目魚。
	海水魚	生長於鹹水水域，因捕捉區域不同可區分： 1.養殖海水魚，如鱸魚、鯛類。 2.表層海水魚，如黃魚。 3.底棲性海水魚，如秋刀魚、電鰻。
軟體海鮮	貝類	分布於陸上、湖泊、沼澤、河川、淺海及深海，外側具有硬殼保護，如蛤蠣、牡蠣。
	頭足類	身體分為頭部、胸部與足部等三部分，如魷魚、墨魚、花枝等。
節肢海鮮類	甲殼類	如蝦、螃蟹。
其他類	棘皮類	如海參、海膽等。
	腔腸類	如水母等。

圖6-12　海膽是高單價的海鮮，常用在生魚片料理

圖6-13　魚和蝦是國人常吃的海鮮

二、海鮮的選購原則

海鮮的販售環境在決定購買與否是個重要指標，包括包裝是否完整（有效日期、產地等），儲存的溫度與方式也須留意。一般海鮮儲存須以冷藏或冷凍方式來保鮮，如果溫度沒有控制好，購買的海鮮很容易出現細菌感染及敗壞等現象。海鮮的選購詳細說明如下：

1.魚類：檢查魚鱗片是否完整，新鮮魚的魚鱗片是緊附魚體不易脫落的情形，魚鰓的顏色鮮紅而無腥臭味。
2.蝦：檢查蝦頭尾是否完整、顏色是否鮮亮，如新鮮草蝦爲墨綠色。
3.貝類：外觀完整，殼不易啓開，無異味。

三、海鮮的利用原則

烹飪上述之魚類、蝦、貝類等海鮮食材，爲了可以保持鮮度，建議簡單烹飪爲宜，特別是添加調味料時，不須太過複雜，反而更能呈現海鮮的鮮度，其相關說明如**表6-13**。

表6-13　海鮮的利用原則

名稱	利用原則
魚類	1.淡水魚：烹飪常用淡水魚，通常是養殖魚：吳郭魚。養殖魚所吃的飼料必較多元，葷素都有可能，導致魚本身腥味比較重，所以烹飪時，建議用重調味的烹飪方式，可以掩飾魚的腥味。 2.海魚：海水魚生長於鹹水水域，烹飪時為了保持鮮味，建議使用乾煎、清蒸、生魚片（深海魚比較適合）等烹飪方法。
蝦	蝦是一種快速熟的海鮮食材，烹飪時為了呈現鮮度，建議水煮；但表皮炸酥的烹飪方法不但可以提升香味，也可以補充鈣質（蝦殼酥）。
貝類	貝類的種類多樣，一種是帶殼一起烹飪的食材，如蛤蜊；另一種是須先去殼才可以料理的食材，如牡蠣。帶殼貝類烹飪時，先加鹽水或醋等刺激貝類吐出砂等雜物；烹飪去殼類時，先用米酒醃漬去腥味，烹飪可以用乾煎（雙面金黃色即可），如煎干貝。

圖6-14　蝦子烹調多為水煮或熱炒

圖6-15　適合生食的生蠔

參考文獻

一、中文部分

〈消費者如何選購水果〉，行政院消費者保護處，https://cpc.ey.gov.tw/Page/7167B631B7C52AFD/00c9af15-35ca-492a-9512-ff32b4b075b6#：~：text，瀏覽日期：2022年9月27日。

王義善等著（2018），《大廚與小農的對話：在地食材新火花》，花蓮縣：行政院農委會花蓮區農業改良場。

王萱、梁兆年（2009），《食物學》，新北市：啓英文化。

林芳儀（2013）《餐飲採購學》（第八版），臺北市：華泰文化。

邱麗玲（2016），《營養學》，新北市：啓英文化。

張玉欣編著（2014），《世界飲食文化》，新北市：華立出版。

彭建治、方慧徽（2019），《中餐烹調實習》，新北市：臺科大圖書股份有限公司。

曾竫萌、劉興榮、黃安葳（2016），《十二節氣 在地食材》，花蓮縣：行政院農委會花蓮區農業改良場。

農業知識入口網（2006），〈如何挑選地瓜？〉，https://kmweb.coa.gov.tw/knowledge_view.php?id=1262，瀏覽日期：2022年9月27日。

嘎丁（2018），〈吃地瓜有禁忌！6原則照做不吃錯〉，Heho健康，https://heho.com.tw/archives/15965，瀏覽日期：2022年9月27日。

種籽設計（2012），《廿四分之一挑食：節氣食材手札》，新北市：創意市集。

衛生福利部國民健康署，https://www.hpa.gov.tw/Pages/Detail.aspx?nodeid=544&pid=7，瀏覽日期：2022年9月8日

蕭寧馨（2018），《食品營養概論》，時新出版社。

二、外文部分

'The Factors That Influence Our Food Choices', https://www.eufic.org/en/healthy-living/article/the-determinants-of-food-choice，瀏覽日期：2022年9月27日。

Whitehead, T. L. (1984), Sociocultural Dynamics and food Habits in a Southern Community. IN DOUGLAS, M. (Ed.), *Food in Social Order*. New York, Russell Sage Foundation.

食材選購與利用原則(二)

- 蛋、奶類的選購與利用
- 蔬果類的選購與利用
- 其他食材之選購與利用

本章將持續介紹蛋、奶類、蔬果，以及烹飪上的其他食材配料，包括乾貨、中藥材、飲料的選購與利用原則。

第一節　蛋、奶類的選購與利用

一、蛋類

蛋類是所有烹飪食材當中應用相當普遍的食材，一般可區分爲新鮮蛋及加工蛋，其分類與特色說明如**表7-1**。選購蛋類除了需要瞭解到店家的信用、蛋本身的品質、需求數量、交貨日期、價格等外，對於蛋本身的特性需要懂得分辨。

(一)選購蛋品的幾點原則

◆表皮粗糙

新鮮的蛋有表面粗糙、氣孔明顯的特性。不過若是洗選蛋就看不出來，需要選擇保存日期較長或生產日期較近爲佳。

◆蛋殼完整

蛋殼若有裂痕，細菌或病毒會污染蛋，無論蛋多麼新鮮，只要被污染，就有致病的疑慮。

◆蛋殼厚實

新鮮又健康的雞蛋，蛋殼厚實，蛋殼太薄（有點透明）的雞蛋，有可能母雞的健康狀況不佳或與年紀老邁有關係。

◆中小型佳

年紀越大的母雞，產道越寬，產下的雞蛋越大顆，但因爲年邁，有可能母雞健康狀況不佳，因此選擇中小型雞蛋比較安全又健康。

◆重者為佳

雞蛋放越久，水分會從氣孔蒸發，因此，重量較重的雞蛋，表示越新鮮。

圖7-1　蛋是人們常食用的食材

表7-1　蛋類分類與特色說明

類別	名稱	特色說明
新鮮蛋	雞蛋、鴨蛋、鵪鶉蛋等	1.富含蛋白質及卵磷脂。 2.新鮮蛋殼較為粗糙，存放時間越久，蛋殼就會變光滑，且氣室會變大，則越不新鮮。
加工蛋	鹹蛋	鹹蛋是以鴨蛋或雞蛋加鹽醃漬。一般市面鹹蛋以鴨蛋醃漬為主，因為鴨蛋表皮細孔洞多，醃漬時容易將鹽醃入味，而且蛋黃中的含油脂量高，風味較佳。
	皮蛋	皮蛋是以鴨蛋浸泡於鹼液中製作，也因為鴨蛋表皮細孔洞多，醃漬成熟時，當蛋白及蛋黃凝固成赤褐色透明狀，蛋殼會呈現松花斑點。

(二)蛋類的處理原則

蛋的處理原則可以從洗滌、儲存、烹飪等三方面來說明：

◆洗滌

檢查蛋的外殼是否完整，然後進行洗滌工作。一般在家中或餐廳若非選用洗選蛋，則可輕輕刷洗蛋殼將汙物去除，以降低沙門桿菌之汙染；在工廠處理蛋品則會有噴水清洗設備。

◆儲存

1.放進冷藏庫雞蛋專屬存放區，以免交叉感染（未洗選的散裝蛋，輕輕擦拭粉塵再存放）。
2.氣室朝上，尖端朝下。放進冰箱時，將氣室（鈍端）朝上、尖的朝下擺放，可避免氣室中的空氣增加或移動影響新鮮度。
3.放置於5℃～7℃之冷藏室。

◆烹飪

煎、炒、蒸、煮、滷、炸等烹調法都適合。

二、乳品類

乳品一般強調含鈣的營養成分，但乳品因製程的不同而有不同的名稱，如生乳（raw milk）、鮮乳、保久乳，或是煉乳等。其詳細分類說明如**表7-2**。

表7-2 乳製品分類說明

名稱	說明
鮮乳	鮮乳指的是由乳牛或乳羊所擠乳，將剛剛擠出乳經過高溫、短時間殺菌（將牛乳加熱70～75°C度保持15秒的殺菌方法），在全程冷藏於4°C~7°C度以下才能保住營養及風味。可應用在湯品或是甜點等食物製品。
優酪乳	優酪乳為凝狀發酵乳，是經由生乳、鮮乳或其他乳製品作為原料，殺菌降溫後，利用酵母菌一保加利亞乳酸桿菌（Lactobacillus Bulgaricus）及嗜熱鏈球菌（Streptocouus Thermophilus）發酵約4-6小時製成的凝乳狀製品。除了直接食用外，許多中東或是印度菜餚經常利用優酪乳進行烹調。
起司	起司（cheese）又稱乳酪、乾酪，或是香港使用的「芝士」一詞。是以牛乳、羊乳為原料，將其中的酪蛋白凝集，與乳清液體分離後加工製成的半固態狀食品，含有豐富的蛋白質與脂肪。起司有相當多種類，可以直接食用，也可以搭配紅酒。歐洲國家則最擅長利用起司。
保久乳	跟鮮乳使用功能基本相同，只是殺菌溫度不同，營養成分會因此有所差異。因為保久乳是生鮮乳高溫殺菌130~150°C（約2~5秒）；而一般鮮奶殺菌是70～75°C（約15秒）。保存方式只要置於陰涼處即可。
奶粉	奶粉是100%由50%以上的生乳經過高溫噴霧乾燥後，去除多餘的水分而成的粉末狀乳品。若根據成品的需要再加入其他成分與口味，即可成為巧克力牛奶、果汁牛奶等。如選購罐裝奶粉，使用後請務必將蓋子封密完整，置於陰涼處。
煉乳	以鮮乳為主要原料，經過加熱濃縮成25%量，所含的糖量40%以上之濃縮乳製品。常作為甜點、冰品的食材之一。

選購奶類除了需要瞭解到店家的信用、奶類本身的品質、需求數量、交貨日期、價格等外，奶類外觀包裝說明的注意事項相當重要，其說明如下：

1.包裝標示應完整，注意包裝上的食品標示以及成分標示，特別是有效日期，以避免買到不新鮮的鮮乳。

2.在臺灣應該選購貼有「乳牛標章」的鮮奶，才是經過農政單位認證的純正國產鮮乳，以確保品質的安全。

3.觀看包裝是否良好無破損，玻璃瓶裝鮮奶，注意封口有無密封；若是罐裝鮮奶，注意瓶身是否完整，若有生鏽或是膨脹的現象請勿選購。

4.開封後，注意鮮奶顏色及液體是否有異物、沉澱等現象，若聞起來有酸臭味或出現凝結、黏稠的現象，表示鮮奶已變質或不新鮮，不可飲用。

圖7-2　單是同一品牌之牛奶，也分類極細，如全脂、低脂、有機、無乳糖（適合乳糖不耐症）等牛奶

圖7-3　Fetta是希臘知名起司種類，適合製作希臘Fetta沙拉

圖7-4　西方國家擅長製作各類起司

第二節　蔬果類的選購與利用

在烹飪食材中，蔬果是極為重要的材料，蔬果除了含有多種營養成分，因為各種蔬果有不同顏色等特性，作為配菜時更能襯托出主菜的所需展現的特色。蔬果的選購除瞭解食材本身的特性，也需掌握廠商本身的信用、品質、需求數量、交貨時間、價格等；選購後也須注意食材的烹飪需求。以下將分成蔬菜與水果兩大類進行介紹。

一、蔬菜

蔬菜類食物為維生素、礦物質及足夠的膳食纖維來源，膳食纖維可以維持腸道健康並幫助排便，另外也有許多對健康有益處的植化素，像是花青素、胡蘿蔔素、茄紅素、多醣體等。蔬菜又可細分爲：根菜類、莖菜類、葉菜類、花菜類、瓜果類、豆類、果實類、種子類、蕈菜類、藻類等，詳細說明如**表7-3**。

表7-3　蔬菜的分類與選購原則

名稱	特性說明
根菜類	1.生長在地下的蔬菜，食用植物的根，如紅蘿蔔、牛蒡、蕪菁、蘿蔔。 2.選購時注意表皮是否完整少皺褶，因為沒有辦法看到根菜的內容狀況，所以選購時可以用手托起體型大小相當者來比較，以偏重的為佳。
莖菜類	1.食用植物的莖部為主，包括：球莖、塊莖、一般莖，如馬鈴薯、地瓜等。 2.選購時注意表皮是否完整，檢查切口處，如果切口處用手輕壓有痕跡為佳。
葉菜類	1.主要食用植物的葉與葉柄為主，也會攝取部分的莖，如空心菜。另外十字花科的花椰菜、菜花、高麗菜等也屬之。 2.選購時觀察切蒂處（切口處）有水嫩代表新鮮，菜葉無水分為佳，可以延長保存期。
花菜類	1.攝取植物的花為主，如櫛瓜的花朵。 2.選購花菜類時，先觀察花菜兩旁的葉子是否新鮮，如果花菜有蟲斑或黴斑是代表有瑕疵。
豆類	1.以豆莢類植物為主，如四季豆、毛豆、豌豆莢等。 2.豆莢表面平滑細緻，豆粒無特別突出，多為新鮮的好豆莢。買回家的豆莢使用保鮮袋裝好，可冷藏保存約5～7天。
瓜果類	1.如絲瓜、苦瓜、南瓜等。 2.選購時挑選果形端正、果蒂完整、無汙損及病蟲害斑。
果實類	1.食用植物的果實，如番茄。 2.選購時注意表皮完整且飽滿、色澤均勻無異味等，選購時可以用手托起體型大小相當者來比較，以偏重的為佳。
種子類	1.以植物的種子為主，如南瓜籽。 2.選購種子類蔬菜類時，先需觀察是否有發芽、發霉現象，如果有，表示置放時間過久或環境過於潮濕，應選擇完整飽滿為佳。
蕈菜類	1.為菌物界生物，如香菇、猴頭菇等。 2.選購菇類時，先觀察外觀完整無破裂，如果在聞味道時有出現農藥味或霉味，建議不要買，避免中毒。
藻類	來自於水中的植物，如海帶。
鱗莖類	洋蔥、韭菜、蔥、蒜、細香蔥。

圖7-5　屬於葉菜類當中十字花科的花椰菜

圖7-6　屬於豆類植物的四季豆、豌豆莢等

上述提到之各類蔬菜，在使用其烹飪時，根據烹飪需要可以以單一菜色烹飪體現菜本身的特色；也可以依據烹飪需要作爲配菜使用。對於各類蔬菜的使用說明如**表7-4**。

表7-4　臺灣各類蔬菜的利用說明

名稱	使用說明
根菜類	根菜類是蔬菜中算是最好保存、烹飪方法可以多變的菜類。在烹飪中常用的根菜如：紅蘿蔔、白蘿蔔、山藥等。根據食材本身特色做涼拌、醃漬等；也可以搭配肉類以燒、燉湯等多種烹調使用方法。
莖菜類	莖菜食用菜的莖部，使用時通常會去掉一層表皮，常用烹飪的莖菜如：大頭菜，去皮後可以切絲搭配肉絲來炒等。
葉菜類	常見的葉菜類為綠色葉菜，烹飪時為了盡量保持綠色素，烹飪以簡單快熟為原則，如燙、炒等烹飪方法。
花菜類	花菜類是食用菜的花，烹飪常用的花菜有：青花菜、白花菜等，青花菜烹飪時為避免改變青花菜顏色，烹飪使用時應先用汆燙的方式，再搭配肉類或單一菜色用炒的方式；而白花菜因為沒有變色的問題，所以烹飪方法較廣泛，如炒、燙後涼拌、燒等方法。
果實類	果實類的蔬菜，根據其特性以及烹飪方法大不相同。偏向軟肉型，如茄子，該食材容易吸油，所以烹飪時以切片炒為佳，如果需要炸，一定需要裹層粉；偏向硬肉型，如南瓜，此類食材烹飪方法可多樣化，蒸、水煮、炸等，但不太適合用炒。
種子類	食用種子類的食材，有兩種：一為新鮮種子蔬菜，該類食材可以根據營養需要直接烹飪或搭配其他食材烹飪，炒、燜煮、燒等方法都適合；另一類為乾種子類蔬菜，該類蔬菜，在為烹飪之前，應先泡水至軟，再根據烹飪需求再做處理，可以燒、燜煮等烹飪方法，也可以打成汁做成其他成品，如黃豆加工成豆腐或豆漿。
蕈菜類	菌種類食材是蛋白質含量很高的素食材料，也是我們當今經常使用料理的食材。烹飪方法多種，可以根據餐食口味來做料理：如注重營養者會以簡單水煮或汆燙涼拌為佳；而重口味可以用燒、炸等烹飪方法，如三杯杏鮑菇。

二、水果類

水果富含維生素與礦物質，也可應用在烹調料理上。正確挑選水果的原則，則是盡量選擇臺灣在地的當季水果，**表7-5**爲臺灣各個季節所產之水果明細，因此在餐飲烹調或水果選取時，可以各季節之盛產水果作優先考量，不僅價格較為便宜，品質也是最佳的。

表7-5 臺灣各季節所產之水果明細

季節名稱	水果種類
全年產	如鳳梨、木瓜、楊桃、芭樂、香瓜等水果類，此類全年均可生產。
春季產	如梅子、李子、楊桃、草莓、梨子、枇杷等水果，此類水果以春季為主要產期。
夏季產	如芒果、西瓜、鳳梨、荔枝、龍眼、水蜜桃、火龍果等水果，此類水果以夏季為主要產期。
秋季產	如柳橙、葡萄、文旦、蘋果等水果，此類均以秋季為主要產期。
冬季產	如草莓、小番茄等水果，此類均以冬季為主要產期。

圖7-7 香蕉是四季皆產的水果

圖7-8 草莓是冬季產的水果

水果依據產季分爲：全年產、春季產、夏季產、秋季產、冬季產等五大類。選購水果時，不管是任何季節，都需要對水果的成熟特性瞭解，才能買到品質最優的水果。

(一)水果的選購原則

◆自然成熟辨識

顏色改變到一定程度，如香蕉，成熟的香蕉會從原本的綠色變成黃色；其次，有些水果至成熟時，由水果原本硬硬的至成熟時變軟變色，如柿子；再來，水果成熟時除了視覺的顏色、手感的軟硬度，風味也會改變（一般水果都會變甜）。

◆人工熟成辯識

成熟的水果的一般保存期冷藏最多一星期，但有些水果會出口到國外，運送時間會拉長，甚至有可能達一個月，所以有些廠商會先採收未成熟的水果，使用人工熟成。所以選購水果時，如果不是當季水果，極有可能會搭配人工熟成的保存方法。

◆品質辨識

選購水果時，觀察外觀是否完整無蟲害、選購水果以當季爲佳。

(二)水果的處理原則

水果使用最適合當季生產、當季食用，不單是可以保持水果的鮮度，而且價格也比較實惠。但因爲產季而過剩的時候，業者會通過加工的方式或搭配烹飪食材做使用，相關說明如下：

1.清洗原則：使用清水不停地流動達20分種以上，借用水的力道沖去農藥。

2.儲存原則：冷藏溫度約7°C；表皮不留水分，某些水果會在表皮塗上一層蠟，減少水分的流失；使用包裝盒包裝。

3.食用方法：新鮮水果通常於清洗後及去皮等處理後，直接食用；若是因爲烹飪需要，可搭配其他食材烹調料理，如涼拌水果沙拉、水梨燉牛肉等；若有過剩的水果，可以將水果加工，如打成果汁、曬成果乾等，除了可以使用不同食用方式，也可以拉長保存時間，避免浪費。

第三節　其他食材之選購與利用

本節將依序介紹乾貨、中藥材、酒精與非酒精飲料等的選購與利用。

一、乾貨

乾貨指的是將食物本身直接將水分處理乾燥，不加任何的調味料。乾貨的品項衆多，通常區分爲植物性乾貨、動物性乾貨及水產性乾貨等三類。選購乾貨除了須瞭解食材本身的特性，也需掌握廠商本身的信用、品質、需求數量、交貨時間、價格等；選購後也須注意食材的烹飪原則。相關說明如下：

(一)植物性乾貨

在食材乾貨中，常利用的植物性乾貨有：乾木耳、乾香菇、梅乾菜、金針花等。根據各乾貨的特性，選購與利用原則說明如**表7-6**。

表7-6　植物性乾貨的選購與利用原則

名稱	選購與利用原則
乾木耳	1.特性：吸水性強，膳食纖維多等。 2.以視覺檢查每朵是否完整、聞味道是否有清香味，如有怪味，可能農藥過多或發霉等。手觸摸是否有潮溼感，如果手摸上去會鬆軟，表示過於潮濕。 3.烹飪時先浸泡時可以10倍以上的水分，因為纖維多，特別適合如素食者、減肥者等，烹飪方法也多樣，如汆燙後涼拌、炒、作為配菜燒等。
乾香菇	1.特性：傘型、具香菇酸，在乾燥過程中進行發酵作用，產生香菇的特殊香味。 2.以視覺檢查每朵是否完整，優質的香菇肉厚，聞味道看是否有菇香味，如有怪味，可能農藥過多或發霉等，手觸摸是否有潮溼感，如果手摸上去會鬆軟，表示過於潮濕。 3.烹飪時，適合作為配菜及調味。先清洗浸泡後（香菇水不須倒掉，還有濃厚的香菇香味），根據烹飪需要搭配其他材料，以炒、燒、燉湯等烹調法為主。
梅乾菜	1.又稱芥菜乾，是芥菜曬乾後，用鹽醃漬保存。 2.選購時注意每朵菜盡量完整，避免菜梗太多（梗太多口感比較柴），不能有發霉現象。 3.烹飪前需要浸泡軟並將鹽巴及雜質清洗乾淨。烹飪時比較不適合單一材料料理，搭配多油脂豬肉類共同料理為佳，如「梅乾扣肉」就是用多油脂三層肉搭配柴性的梅乾菜。
乾金針花	1.特性：自然乾燥的金針花為褐色，有過硫磺處理的金針花，呈現金黃色。 2.選購時不需挑選顏色過於鮮豔，以褐色為佳、另外，自然乾燥法金針花不易保存，所以選購時以需要的量為佳。 3.烹飪方法可以多種：如炒、做為配料煮湯以及燙過來做涼拌等。

圖7-9　乾金針花（經硫磺處理過的顏色不同）

圖7-10 最常利用的植物性乾貨——香菇

(二)動物性乾貨

在烹飪食材乾貨中，動物類乾貨通常有臘肉、火腿、燕窩等。根據這幾種品項的相關特色、選購及利用原則相關說明如**表7-7**。

表7-7 動物性乾貨的選購與利用原則

名稱	選購與利用原則
臘肉	1.特性：臘肉是以新鮮肉以食鹽、亞硝酸鹽（保持肉質鮮豔、殺菌）、糖及相關香辛料醃漬加工，通過乾燥來存放，保持肉質不變，長期保持香味。 2.選購臘肉時，注意觀察外表應該乾爽，是否有異味或酸味，加工工廠資訊應完整，包括生產日期及有效期以及醃漬材料等。 3.因為含較多的鹽分，因此烹飪前最好清洗後用熱水汆燙一下，再根據烹飪喜好如：蒸、煲、炒等，偏向搭配其他材料的烹飪方法。
火腿	1.製作特性：首先通常以新鮮豬後腿，去除多餘的皮與脂肪，並且保持溫度0°C，接著以鹽醃製發酵，溫度控制在0~5°C；經過一週後，清洗表皮的鹽，再醃漬重複3~4次；晾掛風乾，在通風避光的條件下晾掛4~6個月。 2.選購時注意：觀察外表應乾燥、清潔、無褶皺、肉皮堅硬、有彈性。如果有異味或濕潤、鬆軟，沒有彈性等為劣質。包裝完整包括加工工廠資訊完整、生產日期及有效期以及醃漬材料等。

（續）表7-7　動物性乾貨的選購與利用原則

名稱	選購與利用原則
火腿	3.西式火腿（如義大利和西班牙火腿等）多可以切薄片生吃，也可以搭配水果來吃；而華人一般不習慣生食，加上中式火腿的含鹽量高，不利於生食，大多數做煲湯、蒸煮等。
燕窩	1.燕窩是金絲燕是從它們的口腔內分泌出來的特別的膠質分泌物，用來築巢作準備，其中混合了植物纖維、果實及羽毛等，經過長期接觸到空氣後便會逐漸凝固成為燕窩。 2.選購燕窩時應選擇外觀完整，寬度較大、顏色天然無雜質的純淨燕窩；若手摸會黏手或有異味，為劣質品。 3.烹飪前要先浸泡軟，清洗雜質及羽毛等，經過過濾後，根據個人喜好可加牛奶或冰糖燉煮，如冰糖燕窩。

圖7-11　西式火腿多可以生食

(三)水產性乾貨

在烹飪食材乾貨中，水產品乾貨通常以蝦米、魷魚、干貝等最常被應用。這幾款水產性乾貨的選購與利用原則相關說明如**表7-8**。

表7-8 水產性乾貨的選購與利用原則

名稱	選購說明
蝦米	1.蝦米是由鮮蝦蒸熟後乾燥，利用機器剝皮後，依據大小分成不同等級。 2.選購蝦米時，應挑選色澤為淡橘色而非鮮豔橘色（鮮豔色澤者通常有利用色素）、體形彎曲代表是鮮蝦加工而成、蝦米大小均勻而無其他魚類等雜質；味道則應為淡淡鮮蝦味而無異味，品嚐有鮮蝦味而非過於鹹味為佳。 3.蝦米在烹飪上有另外一種名稱為「開陽」，原因是被中國人視為補陽聖品，故稱之為開陽。蝦米的主要烹飪功能為提鮮香味。烹飪前將蝦米沖水泡軟後，烹飪時先炒香蝦米（開陽），再搭配其它食材， 例如：開陽白菜；由於蝦米爆香後有特殊鮮香味，也適合作為罐頭配料，如XO醬。
魷魚	1.魷魚乾是透過曬乾而成的加工物，選購時以手觸摸，要有乾爽不潮溼的觸感。烹調前需泡水，會以口感有爽脆質感為主要的考量；直接烘烤食用時，會有淡淡鮮味。 2.魷魚乾使用時應先泡發魷魚（清水浸泡約7小時、鹽水浸泡約2~3小時，有些業者會利用小蘇打浸泡），根據烹飪需要切成多種刀工以及適當的調味料，烹飪的餐點如：五柳魷魚。也可以直接烘乾成絲或片食用。
干貝	1.視覺上看到金黃色、圓形密實少裂縫。 2.聞起來味道甘甜，無腥味或其他味道，避免過於死鹹。觸摸起來結實、乾燥、硬度極高才是好的干貝。 3.干貝烹飪之前，用水浸泡，或用清水加米酒、薑、蔥隔水蒸軟，再根據需要烹飪入菜。常用來煲湯、搭配其它食材採取「燴」的烹飪方法。若只是煮湯，不須先蒸熟，清洗表面後泡水大約半小時後，放入湯中一起煮即可。

二、中藥材

隨著社會的進步，人們生活水準的提升，對於飲食品質的要求也越來越高，特別是對於養生膳食也越來越注重。根據《中華養生藥膳大全》之藥膳的原料資料說明，藥膳是以食物爲主，藥食可以互助，食物可以輔助藥材飲食口味，而藥材可以使食物的各種營養提升。對於中藥材的選購除瞭解藥材乾燥的特性，也需掌握廠商本身的信用、品質、需求數量、交貨時間、價格等；選購後也須注意藥材功效與烹飪需求是息息相關的。通常養生膳食可以供不同族群利用，如銀髮膳食、月子餐、養顏美容膳食等，依據不同需要搭配不同的藥材（食材），利用不同的烹飪方式呈現。

對於相關所需的材料選購及利用原則來做相關說明（黃兆勝，2006）：

(一)銀髮膳食

臺灣在2018年邁入「高齡社會」，每七個人就有一人爲長者，2020年平均壽命爲81.32歲。這些高齡長者由於各種身體機能慢慢退化，進食與吸收能力也會下降，進而影響飲食營養狀況。因此，在準備餐點的食材上，也要考慮長輩的限制，如下所列，也包括對食物的喜好、禁忌等：

1.口腔：牙齒數目減少或假牙的不方便性，導致對於無碎食物沒有意願進食，唾液腺變少不足潤滑消化食物，味覺及嗅覺神經的反應變慢，使得口味變重或食欲下降。

2.腸胃道：腸胃蠕動變慢，吸收功能變差，容易有消化不良、便秘等問題。

3.骨骼：隨著年齡增長骨質密度下降，造成骨質疏鬆症（老年期營養手冊，2018）。

在利用中藥材製作銀髮族食物的範例上，需要根據銀髮族的體質特性，強調滋補強壯、扶正固本的中藥，可配合一定食材，採取適合的烹調方法製成銀髮族藥膳食品。

1.人參蒸雞：採用人參、雞肉，加入鹽、米酒等調味料，經過用蒸熟爛的烹飪方式。除了有獨特的人參味，也易吞嚥，對於銀髮族有抗老作用。

2.鮮奶玉液：材料爲：核桃、蓬萊米、鮮奶，調味料爲糖，將核桃、蓬萊米磨粉，加入鮮奶、糖煮開成糊狀液體。甜食，易吞嚥消化，能益腦、補鈣，幫助腸胃蠕動以防便秘。

(二)月子膳食

剛生產完的女性在坐月子這段時間的身體調養，對於未來長期的健康影響非常大，所以月子膳食的材料選擇及烹飪極爲重要。由於產婦產後可能會出現皮膚長黑斑、掉髮、長白髮、肥胖、水腫等，腰部、骨頭和膝蓋容易有痠痛等徵狀，因此月子膳食的藥膳材料的選購及利用原則，首先需要瞭解到坐月子的產婦之體質的相關特性，再根據特性搭配材料、適當的烹飪方法，達到最好的效果。

產婦在飲食上特別需要的補充，包括含豐富的蛋白質和鐵，如雞、魚、瘦肉、蛋、牛奶、豆類等。還要多吃各種蔬菜水果，因爲蔬菜水果的豐富維生素、礦物質等可幫助蛋白質吸收，又可以提供纖維素，促進腸胃蠕動。坐月子飲食也要注意避免生食、禁飲冰水，另外避免寒涼食材，如大白菜、白蘿蔔及水梨等。

(三)養顏美容

「養顏美容」指的是讓自己保持美麗青春的狀態，而其膳食指的是應用藥膳食讓自己保持美麗青春的狀態。對於養顏美容膳食的藥膳材料的選購及利用原則，首先需要瞭解欲養顏美容之個人體質的相關特性，再根據特性搭配材料、適當的烹飪方法，達到最好的效果。

愛美人士一般的共同需求特性，包括Q彈的皮膚、滋潤皮膚、美白、抗氧化以防老化。根據養顏美容的特性，藥膳選擇的方式及搭配烹飪方式多樣化：

1.Q彈的皮膚：需要多採膠原蛋白的食材，如白木耳，「銀耳燉木瓜」，白木耳搭配木瓜，加入冰糖利用燉的烹飪方式。

2.滋潤皮膚：滋潤皮膚需要養血補氣的膳食材料，如「桂蓮雞湯」，利用桂圓、蓮子、雞肉、紅棗搭配少許鹽，利用隔水燉的烹飪方式。

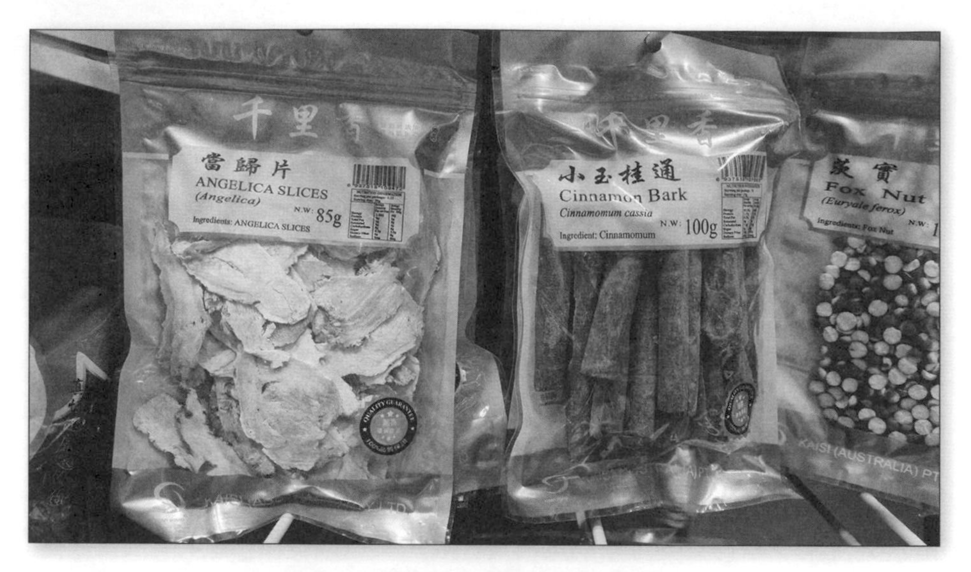

圖7-12　中藥材也常應用在烹調當中

3.美白：美白藥膳食材需要多維生素C、蛋白質，如「木瓜鮮奶」，將木瓜與鮮奶搭配適量的糖及冰水打成汁飲用（腸胃虛寒者禁用）。

4.抗氧化：抗氧化防衰老的重要成分爲維生素C，維生素C不但可以抗氧化，也可以幫助膠原蛋白的吸收，選用食材時，可以選擇多維生素C及多膠原蛋白的膳食材料，如「羊肉番茄湯」：燙過的帶皮羊肉、番茄、羊肉湯，利用燉煮的方式，待材料熟爛的狀態，加入適量的麻油、鹽調味。

三、酒精與非酒精飲料

飲料是以水爲原料，加入不同的材料配方及製作方式，產出可以直接飲用的液體食品。根據加入酒精與否可以分爲：酒精飲料、非酒精飲料。選購飲料除瞭解飲料本身的特性，也需掌握廠商本身的信用、品質、

需求數量、交貨時間、價格等；選購後也須注意搭配的材料配方與需求性是息息相關，其相關說明如下：

(一)酒精飲料

酒精飲料是指以酒精成分容量計算超過0.5%的飲料，根據製造方式的不同，可分爲釀造酒、蒸餾酒、合成酒（又稱再造酒）。這三種酒也各有不同的特性、選擇及儲存方式。

表7-9　酒精飲料的分類

名稱	說明
釀造酒	1.定義：釀造酒是以穀類或水果等為原料，經過發酵而成的酒類，如啤酒、葡萄酒。 2.特性：酒精濃度一般在於4~24%之間。 3.國產酒有：玉山系列的黃酒、清酒、葡萄酒以及臺灣啤酒等。
蒸餾酒	1.定義：蒸餾酒是以穀類或水果等含澱粉之產品做為原料，經過糖化或未經過糖化，發酵後蒸餾而成的酒類，如威士忌、白蘭地等。 2.特性：酒精濃度通常為37%以上的烈酒。 3.國產酒有：金門高粱酒、玉尊威士忌、玉山蘭姆酒、紅標料理米酒。
合成酒	1.定義：合成酒在我國菸酒管理法中稱為「再製酒」。 2.特性：含糖量2.5%以上、酒精濃度在於16%以上，如香甜酒等。 3.國產酒有：以米酒頭為基酒，如臺灣鹿茸酒等。

烈酒一般儲放於避開過熱或陽光直曬的環境，甚至有些人認爲放越久會越香。但用瓶裝後或高糖分之烈酒，容易使酒精蒸發變質。葡萄酒（紅酒）與啤酒容易受溫濕度、光照及震動有所影響，所以選購後的儲存保存方式非常重要。不同於烈酒的是，瓶裝木塞蓋的葡萄酒，放越久會越香；而桶裝啤酒是沒有殺菌過程，所以需要以約3°C冷藏保存，而且保存時間不要超過兩星期，但罐裝或瓶裝啤酒，不冷藏保存不要超過三個月。

圖7-13　葡萄酒為釀造酒，為常用之佐餐酒

(二)非酒精飲料

非酒精飲料是指以酒精成分容量計算小於0.5%的飲料，又稱軟飲料，以補充人體水分爲主的流質食品。選擇與利用上相當自由，根據需求不同相關說明如下：

1.非酒精飲料選購：在選購軟性飲料（soft drink）時以三天存貨量爲原則；咖啡或冷凍飲料爲一星期爲原則；易壞的飲料如牛奶，應該以每天採購爲原則。

圖7-14 咖啡為現代人最常喝的非酒精性飲料之一

2.非酒精飲料儲存：根據軟性飲料品項的不同，儲存方式也會有所不同，才不會影響品質。一般瓶裝或罐裝的軟性飲料以冷藏儲存爲佳，但某些罐頭是置放於乾燥環境中爲佳，如番茄汁罐頭。

參考文獻

王萱、梁兆年（2009），《食物學》，新北市：啓英文化出版社。

林芳儀（2013），《餐飲採購學》（第八版），臺北市：華泰文化出版。

邱麗玲（2016），《營養學》，新北市：啓英文化出版社。

彭建治、方慧徽（2019），《中餐烹調實習》，新北市：臺科大圖書股份有限公司。

黃兆勝（2006），《中華養生藥膳大全》，廣東：廣東旅遊出版社。

衛生福利部（2018），《老年期營養手冊》，臺北市：衛生福利部。

衛生福利部國民健康署，https://www.hpa.gov.tw/Pages/Detail.aspx?nodeid=544&pid=7，瀏覽日期：2022年9月8日。

蕭寧馨（2018），《食品營養概論》，臺北市：時新出版社。

Chapter 8

大量食材的採購與驗收

- 採購的目標與部門職掌
- 採購的策略與流程
- 食材驗收與倉管

餐飲業與一般消費者在食材取得有極大的不同點，消費者多自傳統市場、超市或是網路購物獲得食材，然而餐廳卻有大部分的食材來自大盤批發商和供應商。這些供應商可以爲餐廳量身打造菜餚所需的食材份量或尺寸，有些批發商和供應商也僅供應食材給餐廳和餐飲業，如肉店直接製作漢堡肉排、魚販事前處理海鮮的內臟，以及銷售新鮮蔬菜的供應商能確保供應足夠的貨量與品質之維持等。

另外，供應商也有專門提供餐廳所需的乾貨食材，所以一家餐廳通常會與至少三或四家供應商合作，以獲得菜單上所需要的各類食材。專業或更高檔的餐廳甚至直接與農場或有機生產商合作，以便從源頭獲得特定的食材，這可能意味著這類餐廳可能與數十家供應商打交道，以獲得他們需要的優質食材。

本章內容便是將重點放在餐廳的採購與驗收之介紹，包括：採購的目標與部門職掌、採購的策略與流程、食材驗收與倉管等，爲餐廳從業人員必備的基本專業知識。

第一節　採購的目標與部門職掌

一、採購的目標

餐廳的食材採購指的是餐廳（經營事業體）根據需求提出採購計畫，審核計畫，選好供應商，經過商務談判以確定價格、交貨及相關條件，最終簽訂合約並按要求收貨付款的過程。餐廳在運作過程的「進貨」、「銷售」、「庫存」三大項工作中，採購的進貨工作占其首位。在餐飲業中扮演重要的角色。

二、採購的功能

餐廳正確、有效的採購能提供餐廳在運作過程中產生下列之重要功能：

1.維持食材採購順暢，餐廳能夠有效運作。
2.維持食材一定品質，穩定餐廳供應食物之品質。
3.有效控制食材成本，降低餐廳食材之風險成本。
4.利用食材之特殊性，成功行銷特色菜餚。
5.透過公平交易管道，善盡社會責任。
6.採購環境友善之食材，維護永續環境。

三、採購部門之職責

食材成本基本上多受到人爲因素管控的影響，涉及到採購價格、驗收庫存、產品出成率等三個部分，控制食材成本的第一關就是採購。通常在大型餐飲集團內均設有採購部門，並視其規模決定部門人員之人數與職稱，由專人監控食材商品的市場價格情況，也需避免採購人員從中索取回扣，或者採購到高於市場的價格，因此採購部門的道德規範特別重要。**圖8-1**爲採購部門組織圖之參考，若是小型餐廳，採購部門也可能只設一人專門負責。以下則以採購主管與人員之職責進行介紹。

(一)採購主管之職責

1.負責主持各採購組工作，確保各項採購任務的順利完成。
2.規劃年度採購計畫，統籌策劃和確定採購內容。
3.熟悉和掌握餐廳（集團）所需各類食材名稱、規格、單價、用途和產地。

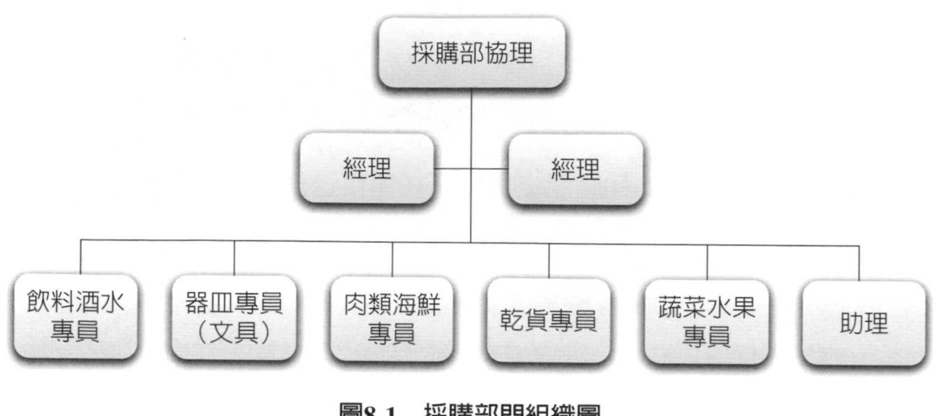

圖8-1　採購部門組織圖

4.熟悉中小型食材採購的業務洽談，檢查合約的執行和落實情況。

5.教育採購人員在從事採購業務過程，要遵紀守法，講信譽、不索賄，與供貨單位建立良好的關係，在平等互利的原則下開展業務活動。按計畫完成餐廳（集團）各類物資的採購任務，並在預算內儘量做到節省開支。

(二)採購人員之職責

1.常至餐廳瞭解物品與食材使用情況，熟悉規格、數量，以避免錯購。

2.對各部門所需物品按「先後緩急」之原則安排採購，保持與供貨單位聯絡管道的暢通。

3.嚴格遵守財務制度，購進的一切食材皆需辦理驗收手續。

4.與倉庫聯絡，掌握採購實際到貨的品種、規格、數量，做好品質把關，然後通知申購部門，及時辦理手續。

5.儘量做到單據（或發票）隨貨同行，若單據無法隨貨同行，應預先根據合約數量，通知倉管員做好收貨準備。

第二節　採購的策略與流程

一、採購之策略

食品原料的採購數量是否精準對餐飲企業來說至關重要，過多或過少都不利於成本控制，易造成浪費。採購數量過多，容易造成原材料的變質；採購數量過少，容易造成食材供應不足，難以滿足顧客需求，採購次數增加也會增加採購費用。餐廳依據本身的型態的不同，在採購上也會採取不同的策略與方法，包括：

1.親至市場採選，直接針對食材品質與種類進行挑選。
2.與小農（漁夫）簽約合作，簽訂特定季節或海鮮種類的食材。
3.挑選適當供貨廠商，此採購方式適合大型或連鎖餐飲集團，以大量採購的數量壓低成本。

圖8-2　廚師可能親至傳統市場找尋食材

4.親自種植。當市場欠缺特定食材時，廚師或經營者有可能選擇自行種植所需食材。

圖8-3　廚師也可能直接至農場瞭解牛隻飼養的品質

圖8-4　直接與在地漁夫簽約，獲得特定漁獲

專欄8-1 跟著主廚逛中華市場 體驗廚藝職人採購哲學

花蓮市公所辦理「小城生活－來去菜市仔」活動，首場由「跟廚師一起逛菜市場」是由鼎園主廚的鄧家怡帶領大家前往中華市場，體會廚藝職人走訪傳統市場的採購哲學。

坐落於中正路與中華路交介面的中華市場興建於民國三十九年，是花蓮最有歷史的市場，榮獲經濟部評選優良市集三星認證，販賣新鮮豬肉、雞肉、海鮮、蔬菜及水果，種類齊全，許多攤商都已交棒至第二代甚至第三代手上經營。

二十五名參加的民眾在市場分為兩條路線進行，一由鼎園鄧家怡主廚介紹如何依照料理挑選食材。第二條路線是由鄧主廚的岳母羅玉蘭來介紹，她曾經在中華市場外圍開麵店多年，與中華市場的許多的攤商都是老朋友，也透過她這個老花蓮人來為大家說說市場變遷，並介紹各家名店。

原本從未接觸過烹調的鄧家怡師傅，在父親的逝世後決定闖出一番事業，開始鑽研料理、精進廚藝，花費了三年的時間考取到中餐乙級廚師證照，經營以來一直嚴格要求著自家食材的高品質與新鮮度。鄧主廚也帶領民眾實際挑選肉類、海鮮、蔬菜與水果的訣竅，並採購此次所需的新鮮食材。

在採買完，一行人回到鄧家怡主廚的鼎園庭園餐廳，鄧主廚即進入廚房備戰，他此次準備八道菜色，有桶仔雞、鹽烤臺灣鯛、絲瓜燜蛤蜊、冬瓜雞湯等，利用當季蔬菜、水果來入菜，參加的民眾分批進廚房看廚師料理。

資料來源：林有清（2020），〈跟著主廚逛中華市場 體驗廚藝職人採購哲學〉，中華新聞雲。

餐廳應該保有的食物庫存量將取決於採購主管和主廚在一周內下達的訂單量。對於每周訂購兩次的餐廳來說，這意味著在任何時間都有三到四天的庫存，但對於處理最新鮮食材的餐廳來說，這可能只有兩天的庫存時間。庫存量也將根據訂購庫存的一周中的時間而有所不同。通常，週末是餐廳最繁忙的時間，因此廚師更有可能在周末準備大量食物。一年中有些特定節日，如農曆過年、耶誕節等，會出現顧客數量暴增或菜單進行調整的情況，這也代表這些特定日子需要有更大筆的採購訂單來滿足顧客的需求。

以下將區分鮮貨與乾貨兩類，進行採購策略的介紹（東方美食，2017）：

(一)鮮貨類

因為鮮貨不易保存，有的必須當天採購當天消耗，有的則必須在短期有效期內消耗。這個特點決定了餐飲企業必須遵循先行消耗庫存原料，然後才能進貨的原則。

◆日常採購法

適用範圍是原料消耗量變化較大、有效期較短而必須經常採購的鮮貨類原料，如鮮肉、海鮮、蔬菜等。其計算公式如下：

採購數量＝應備量－現存量。

◆長期訂貨法

適用於消耗量變化不大的鮮貨類原料，如牛奶、雞蛋等。企業可以跟固定的供應商簽訂合約，由供應商以固定的價格，每天或每隔數天向餐飲企業提供規定數量的某種或某幾種原料，原料價格和訂貨數量一般固定不變，除非雙方感到有必要變動時再重新商定。

(二)乾貨類

因為乾貨類原料能夠長期儲存，餐飲企業可以通過兩種方法控制採購數量：

◆**定期訂貨法**

是一種訂貨周期不變，但每次訂貨的數量任意的方法。訂貨周期通常根據企業的情況自己確定，一般爲一周一次或一周兩次或一月一次。每到訂貨日期，倉庫保管員應對庫存原料進行盤點，然後確定訂貨數量。其計算公式如下：

訂貨數量＝下期需用量－現有庫存量＋期末需存量

◆**定量訂貨法**

是一種訂貨數量固定不變，但訂貨周期任意的方法。餐飲企業應爲每一種原料建立一份「永續盤點卡」，用於記錄每次的進貨和發貨數量。每一種原料還必須預訂最高儲備量和訂貨點量。使用定量訂貨法時，訂貨數量的計算公式如下：

訂貨數量＝最高儲備量－訂貨量＋日均消耗量×訂貨在途天數

二、控制採購價格

在採購過程中，食材的價格波動最難控制。這對餐飲人來說是不可避免的難題，以下有六種方法參考，協助控制採購價格：

(一)限價採購

對於所需購買的原料規定或限定進貨價格，一般適用於鮮貨食材。限定的價格需事前委派專人進行市場調查，獲得市場的物價行情，進行綜合分析，提出合理的中間價位。

(二)競爭報價

由採購部向至少三家供貨商索取供貨報價，或是將所需常用原料寫明規格與品質，請供應商在報價單上填上近期或長期供貨的價格，根據所提供的報價單進行分析。

(三)規定供貨單位和供貨管道

為了有效地控制採購的價格，穩定食材品質，可指定採購人員在規定的供貨商處採購，以穩定供貨管道。這種定向採購一般在價格合理和保證品質的前提下進行。在定向採購時，供需雙方要預先簽訂合約，以保障供貨價格的穩定。

(四)控制大宗和貴重原料採購權

貴重食材和大宗餐飲原料的價格是影響餐飲成本的主因，因此建議由管理階層根據餐飲部門使用情況的報告，由採購部門提供各供貨商的價格報告等來決定供應商。

(五)提高採購量和改變採購規格

一般大量採購可降低原料的價格，這也是控制採購價格的一種策略。另外，當某些餐飲原料的包裝規格有大有小時，購買適用的大規格，也可降低單位價格。

(六)根據市場行情適時採購

有些食材在市場上供過於求、價格十分低廉，若是廚房日常用量又較大時，可趁機購進儲存，以備價格回升時使用。反之，季節性原料剛上市時的價格較高，預計價格可能會下跌，採購量應儘可能少一些，只要滿足需要即可，等價格穩定時再添購。

案例分享：XX飯店的牛肉採購

採購評估：評估每天牛肉（食材）的銷量，然後計算每週、每個

月、每季的銷量

簽約內容：一年15,000公斤的冷藏牛肉（較每月簽約進貨，可省5%的成本）

進貨方式：分批訂貨，分批進貨

出貨方式：寄放廠商的倉庫儲存，一個星期出貨至飯店一次

儲存要求：儲存冷藏牛肉，不宜超過兩個星期

三、餐飲採購流程

衛生福利部食品藥物管理署於2014年推出「食材供應商之衛生管理及採購契約範本」，供餐飲相關業者能夠參考引用，以確保在食材採購時能夠保障餐飲業者的相關權益，並確保所採購的食材新鮮且具有一定的品質。**表8-1**、**表8-2**、**表8-3**、**表8-4**爲衛福部所提供的相關文件表格。而餐廳在進行採購流程當中，也需多利用這些相關表格，完成一定程序。

1.進行市場調查，選擇好供應商，商洽談判，簽訂供貨合同或訂單。可參考**表8-1**的廠商評鑑表，瞭解廠商的信譽與供貨流程。

2.盤點原料庫存，根據餐廳營業預估，制訂採購計畫，報餐廳經理審批，並確認集體採購和自行採購的品項。**表8-2**爲各項食材的供應廠商明細表，可以根據內容清楚瞭解餐廳的採購內容與合作廠商。

3.按計畫向財務人員申請集體採購品項及數量，報採購單位下單採購。

4.按計畫向財務人員申請自行採購品項及數量，向供貨單位採購。**表8-3**、**表8-4**則提供採購所需合約書以及之後廠商供貨狀況之明細及追蹤。

表8-1　廠商訪視評鑑表

○○食品廠食材供應商訪視（評鑑）紀錄表

評鑑日期：

廠商名稱：	負責人：	電話：
工廠地址：		傳真：

調查項目		評核分數
一、文件評核（30%）	1.工廠登記證、商業登記等證明文件 5%	
	2.是否完成食品業者登錄並取得登錄字號 5%	
	3.是否有追蹤追溯相關資料 10%	
	4.是否聘用專門職業或技術證照人員 5%	
	5.具 CAS、GMP 或 TAP 等認證資料（若無，需進行現場查核）5%	
二、現場評核（24%）	5.作業現場是否清潔 4%	
	6.動線與空間規劃是否適當 4%	
	7.生產流程規劃是否適當 4%	
	8.是否有適當的管制制度 4%	
	9.是否有預防/改善/矯正機制 4%	
	10.是否實施例行性自主品管檢驗 4%	
三、供貨狀況（20%）	11.外包裝是否完整、清潔及符合標示規範 5%	
	12.是否夾帶異物 4%	
	13.貨品品質是否符合需求 4%	
	14.送貨時間可配合我方要求 4%	
	15.緊急應變佳，能配合我方要求 4%	
四、服務品質（25%）	16.價格合理 4%	
	17.臨時訂貨可否配合 4%	
	18.服務態度是否良好(接電話、送貨服務等) 5%	
	19.意見反應是否確實改善 4%	
	20.少量訂購可否配合 4%	
	21.特殊規格商品可否配合 4%	

總評		合計分數	
備註	□總分○○分以上列為「合格供應商」 □總分○○分~○○分列為「保留」 □總分○○分以下列為「不合格供應商」	評定結果	□合格供應商 □保留 □不合格供應

單位主管簽名	採購簽名	評核人員簽名

表8-2 食材供應廠商明細表

食材供應商名冊

供應商名稱	主要供應食材	食材製造或來源廠（場）	供應商所在地	供應商負責人	供應商聯絡電話	是否簽約	具備證件
○○公司	冷凍水產品	溢○公司 鑫○公司 新○興公司 永○公司	台北市內湖區○○路○○巷○○號	李○○	(02)○○○○-○○○○	供貨合約	商業登記證明文件
○○企業	豬肉全產品	津○公司 立○公司 誠○公司	桃園市龜山區○○路○○○號	王○○	(03)○○○-○○○○	供貨合約	CAS證書影本，雙方訂定合約書，明定不得供應抗生素/磺胺劑殘留不符合法規之食材
○○公司	雞蛋、全液蛋	吳○公司 加○畜牧場	桃園市龍潭區○○村○○號	彭○○	(03)○○○-○○○○	切結書	商業登記證明文件
○○農產企業社	蔬菜類	-	彰化縣秀水鄉○○村○○號	蔡○○	(04)○○○-○○○○	供貨合約	每半年提供一次農藥殘留檢驗報告單

表8-3　廠商供貨狀況記錄表

○○食品廠供應商供貨狀況記錄表

供應商記錄				供貨記錄	
年度	供應商	供貨類別	年供貨品項	不合格品項	不合格內容與改善情形
103	○○公司	肉品	120	1	1. 冷凍肉品以冷藏車運送，表面溫度-5°C。 2. 書面通知改善後，已改用冷凍車運送。
103	○○公司	蔬菜	60	0	
103	○○公司	冷凍調理食品	40	0	
	供貨狀況評估	不合格品項高於10%者，列為下半年供應商評選之候補名單。			

*頻率：每年由管制小組依供應商之供貨狀況評估。

主管：　　　　　　　　　　　　　　記錄：

表8-4 供貨合約書

供貨合約書

合約字號：

簽訂日期： 年 月 日

__________（以下簡稱甲方）向__________（以下簡稱乙方）訂購貨（物）品，經雙方約定之買賣條件如下，特立本合約書，以確認雙方之權利義務。

驗收	1. 乙方販售予甲方之物品，乙方應保證提供之物品符合雙方既定之規格。 2. 乙方提供之物品，其安全及合法性由乙方負責，甲方應於物品入廠時進行驗收作業，確認檢附之資料是否符合甲方要求。 3. 乙方所售之物品必須限期交貨，由甲方照驗收標準驗收。 4. 不合規範之貨品由乙方取回，並限期調換交齊。 5. 因退貨所發生之費用或損失概由乙方負擔延期罰款。
延期罰款	1. 除經甲方查明認為非人力所能抗拒之災禍，並確有具體證明外，乙方應依本合約所約定之日期交貨，否則每遲一日罰未繳貨款○○元。 2. 因退貨而致延期交貨，概作延遲論。
解約辦理	乙方未能履行合約或罰款未能繳付時，即可辦理解約。

甲方簽章：	乙方簽章：
廠商名稱：	廠商名稱：
負責人：	負責人：
地址：	地址：
電話：	電話：

第三節　食材驗收與倉管

供貨廠商將食材運至餐廳後，餐廳需要進行驗收，確認食材的數量、品質等無誤後，才能進一步進行倉儲管理。本節將介紹驗收部門的職責、驗收原則、驗收的衛生安全須知、驗收流程，以及標準的倉儲管理等。

一、驗收部門與職責

一般餐廳的驗收部門常與倉儲單位合併，員工人數視餐廳規模決定。例如可以是六名員工，一個主任，一個副主任，四個專員，驗收人員多半需要輪調，以免利用工作之便向廠商威脅索賄，平均每半個月輪調一次。

驗收人員除須具備食材的專業知識外，也需遵守該有的職業道德。如應該將食材供應廠商視爲合作夥伴，不應對送貨廠商刁難、態度不佳、故意找麻煩。需以禮相待，視對方爲協力廠商，創造雙贏。不管大小餐廳都有驗收人員，以下兩點需要注意：

1.驗收人員一定要嚴格按照流程標準收貨。驗收不可以只是一個人，一定是有一位驗收、一位證明，避免驗收人員爲了收貨而收貨，不認眞，不負責。
2.在收貨中發現供應商提供的商品有品質問題，一定要及時退貨，避免食材品質受到影響。

二、驗收原則

食材驗收過程非常重要，驗收流程是否完備足以影響整個餐食的供應品質。食品驗收首依契約書供應規格內容予以查核，並對於數量、品質予以逐項詳細驗收，對於不符合交貨條件貨品應於規定時間內予以補正或退貨。此外，食材驗收區域應與食品製備、烹調、配膳等區域有效區隔，每日由驗收人員依食材驗收流程表及食材驗收標準逐項驗收，並在整個驗收過程保持食材不落地原則。政府單位提供一般驗收原則供相關餐食營運單位參考，內容如下：

1.食材驗收首先核對品名、標示是否完整、數量（磅秤需定期校正）、品質、鮮度、溫度以及異物混雜的情況，依序檢查，並記錄於「驗收紀錄表」或「供膳管理日誌」。
2.食材的溫度應保持在原儲存狀態，例如：冷凍食品應該在-18°C以下，冷藏溫度應在7°C以下。
3.容易變質的食材（如：雞蛋、奶類、魚類），驗收時要特別注意進貨溫度、氣味以及包裝的完整性，以避免發生食品安全的問題。
4.驗收發現食材品質不佳、有異味、腐敗或未依合約的規格進貨時，以退換貨處理，可參見**表8-7**、**表8-8**的「食材驗收參考規格」。
5.豆、麵製品進貨時，可以用臺北市政府衛生局提供的「鑽食試劑」進行DIY檢測或自行採購試劑（5%TiSO4）進行H_2O_2殘留檢驗。
6.驗收合格的食材，依其特性，立即進行前處理或加以分類入庫儲存。
7.廠商應隨貨提供出貨單、品質證明或檢驗合格證明文件。
8.生鮮食材檢驗：學校因檢驗設備不足，若驗收人員認為食材有衛生安全疑慮時，雙方得將食物送衛生局或衛生局核可之檢驗單位檢查，費用分攤方式依各校合約規範。

專欄8-2 豆乾，近半泡雙氧水

臺聯上午公布各大賣場與市面販賣的豆乾及油豆腐等豆類製品檢測結果。經由臺北市政府衛生局提供之「鑽食試劑」做檢測，發現近半數的豆類製品含有不得於食品中殘留的「過氧化氫」。這次檢測取得樣品15件，其中有8件含有過氧化氫，其中兩家知名賣場不合格比例達4/5和2/3，臺聯譴責政府長期以來只檢驗不管理，罔顧消費者權益。

臺聯發言人周美里表示，半年前，臺北縣市衛生局的檢測結果即發現4成6的豆類製品有違法添加物，但情況依舊未改善。她說，大賣場所販售的豆類製品採「可復原」包裝，免受食品標示規定，免標示詳細生產地、添加物等資訊，而這些用保鮮膜、塑膠盒包裝的豆類製品價格通常較真空包裝便宜，但卻潛藏致命的危機。

周美里指出，「過氧化氫」俗稱「雙氧水」，具有殺菌及漂白作用，雖是法令許可使用的食品殺菌劑，但是因為過氧化氫的毒性會造成食用者頭痛、噁心、嘔吐、腹痛、腹瀉和造成皮膚刺激，還會導致腸胃道潰瘍、黏膜發炎等危險，因此「食品衛生管理法」規定嚴格禁止殘留在食品中。

對於豆類製品添加過氧化氫情形嚴重，周美里批評，不見衛生署和各級衛生機關提出警告，更未對廠商和產品嚴厲執行沒入、罰款和判刑之處置，明顯失職又罔顧消費者生命健康之權益。臺聯要求政府必須立即地有效管理和監督各項食品的安全，防止黑心商品傷害消費者健康。

資料來源：王正寧（2011），《聯合晚報》，https://theme.udn.com/theme/story/6126/217974

三、驗收的食材衛生安全須知

採購之食材在衛生安全上的驗收考量，包含以下提到的衛生安全規範：

(一)食材的衛生安全證明

1.採購之食材，如豬肉有瘦肉精、雞肉有抗生素及磺胺劑、蔬果有農藥殘留，以及中藥有農藥及重金屬等污染之虞時，應該要先確認其安全性或殘留量是否符合相關法令之規定後才可以使用。

2.可要求供應商檢附食材檢驗報告，或抽樣送往衛生福利部公告之食品認證實驗室、經濟部標準檢驗局或其他公營檢驗單位進行檢驗，送驗食材應與供應之食材原料一致且批號相同。

(二)食材原料的衛生確認及追溯

1.食材安全若能追溯生產來源，就可以確保食材來源的安全性。

2.追溯資料包含：確認食材的衛生標準需符合國內現行衛生法規、原材料來源廠商與數量等相關資料應確實，並具追溯性，包括進貨廠商相關資料、批號、製造日期、生產數量、驗收報告、進貨日期、進貨數量及銷售對象等。如CAS及TAP等認證產品，都可透過相關網站進行廠商名錄及產品查詢。

四、驗收流程

驗收之食材種類多樣，區分驗收時段是方法之一，其最重要目的是爲了避免不同食物間的交叉汙染，並讓驗收場所不會過於雜亂。以某某酒店集團爲例，驗收所採取的時段區分爲：8點半開始驗收水果，9點驗收蔬菜，9點半驗收乾貨與雜貨類，10點驗收家禽肉類，10點半驗收活的冷藏海鮮，11點半驗收冷凍海鮮，中午12點則停止驗收。**圖8-5**爲食材驗收流程圖，從該流程可以清楚瞭解驗收須留意的細節與內容。

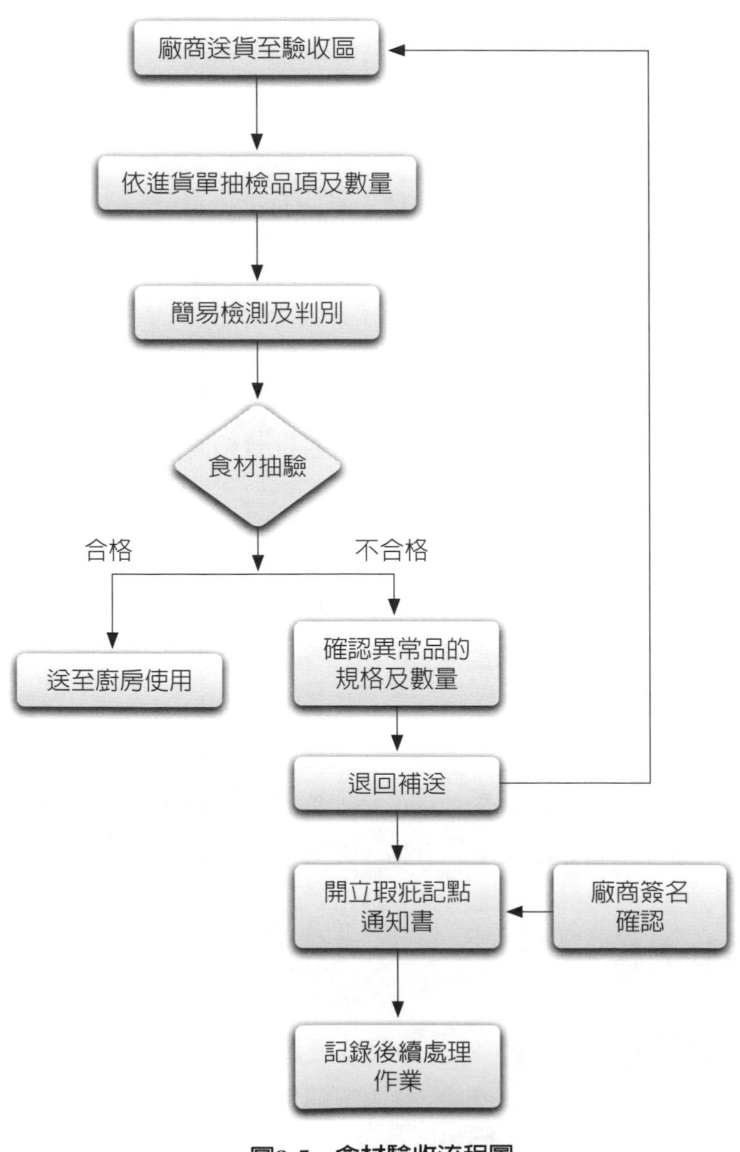

圖8-5　食材驗收流程圖

表8-5　某飯店採購部門之進貨單（部分內容）

部門	部門名稱	科目	料號	品名	規格	單位	單價	數量	金額
C222	俱樂部-廚房	50101	1118320	BEEF SINEW	牛筋	KG	225.00	41.50000	9,337.50
C222	俱樂部-廚房	50101	1118340	牛臉頰,澳洲和牛,AU,WAGYU,CHEEK	牛臉頰,澳洲和牛,AU,WAGYU,CHEEK	KG	690.00	11.60000	8,004.00
C222	俱樂部-廚房	50101	1141220	絞後腿赤肉,FRESH HAM,GROUND,TA	絞後腿赤肉,FRESH HAM,GROUND,TA	KG	128.00	22.00000	2,816.00
C222	俱樂部-廚房	50101	1141250	大里肌肉,PORK LOIN,BONELESS,TA	大里肌肉,PORK LOIN,BONELESS,TA	KG	176.00	44.40000	7,701.00
C222	俱樂部-廚房	50101	1141370	五花肉(帶皮),PORK BELLY,SKIN-O	五花肉(帶皮),PORK BELLY,SKIN-O	KG	208.00	272.40000	56,659.20
C222	俱樂部-廚房	50101	1145300	大腸(洗淨),PORK LARGE INTESTIN	大腸(洗淨),PORK LARGE INTESTIN	KG	150.00	1.40000	210.00
C222	俱樂部-廚房	50101	1145785	豬耳朵,PORK EAR,TAIWAN	豬耳朵,PORK EAR,TAIWAN	KG	198.00	11.90000	2,356.20
C222	俱樂部-廚房	50101	1160612	玉米雞,母雞,去內,帶頭腳,1.8-2K	玉米雞,母雞,去內,帶頭腳,1.8-2K	KG	225.00	4.00000	900.00
C222	俱樂部-廚房	50101	1161100	肉雞清肉不帶皮,FOWL BREAST,NO	肉雞清肉不帶皮,FOWL BREAST,NO	KG	106.00	12.00000	1,272.00
C222	俱樂部-廚房	50101	1162350	土雞去骨腿肉,WILD CHICKEN LEG,	土雞去骨腿肉,WILD CHICKEN LEG,	KG	255.00	127.00000	32,385.00
C222	俱樂部-廚房	50101	1211350	金目鱸,現流,4-6G/PC,GLASS-EYE	金目鱸,現流,4-6G/PC,GLASS-EYE	KG	230.00	30.00000	6,900.00
C222	俱樂部-廚房	50101	1211900	美露鱈魚(圓鱈)整尾去頭,冷凍淨	美露鱈魚(圓鱈)整尾去頭,冷凍淨	KG	757.50	46.00000	34,840.00
C222	俱樂部-廚房	50101	1230418	熟凍白蝦,彎身,COOKED WHITE SHR	熟凍白蝦,彎身,COOKED WHITE SHR	KG	360.00	2.20000	792.00
C222	俱樂部-廚房	50101	1238035	雪場蟹(紅)活,Live King Crab	雪場蟹(紅)活,Live King Crab	KG	2,580.00	2.70000	6,966.00
C222	俱樂部-廚房	50101	1243475	柔魚(軟翅仔),生凍A級,0.8-1KG/P	柔魚(軟翅仔),生凍A級,0.8-1KG/P	KG	280.00	1.00000	280.00
C222	俱樂部-廚房	50101	1251040	干貝,冷凍,淨重,未發(無磷酸鹽),	干貝,冷凍,淨重,未發(無磷酸鹽),	KG	711.67	47.67000	33,879.75
C222	俱樂部-廚房	50101	1415450	茭白筍(去殼),WATER RICE	茭白筍(去殼),WATER RICE	KG	232.00	15.00000	3,905.00
C222	俱樂部-廚房	50101	1417500	蓮藕		KG	133.00	24.00000	3,192.00
C222	俱樂部-廚房	50101	1417610	荸薺(馬蹄肉),去皮WATER CHESTUN	荸薺(馬蹄肉),去皮WATER CHESTUN	KG	94.22	9.20000	867.40
C222	俱樂部-廚房	50101	1418110	山藥,白,日本,CHINESE YAM WHITE	山藥,白,日本,CHINESE YAM WHITE	KG	143.00	4.00000	572.00
C222	俱樂部-廚房	50101	1419600	韭菜,大葉種,CHINESE GREEN CHIV	韭菜,大葉種,CHINESE GREEN CHIV	KG	79.00	0.40000	31.60
C222	俱樂部-廚房	50101	1425800	青花菜(進口),BROCCOLI(IMPORTED	青花菜(進口)	KG	114.53	94.90000	10,799.60
C222	俱樂部-廚房	50101	1434320	MUSTARD PLANT	酸菜心	KG	53.00	2.00000	106.00

表8-6　某飯店之餐廳領料單（部分內容）

□FOOD □BEVERAGE □GENERAL □________________

部門

DESCRIPTION: □□□□____________________ DATE:____________________

料號 CODE NO.	品名 DESCRIPTION	單位 UNIT	請領數 ORDERED	實發數 ISSUED

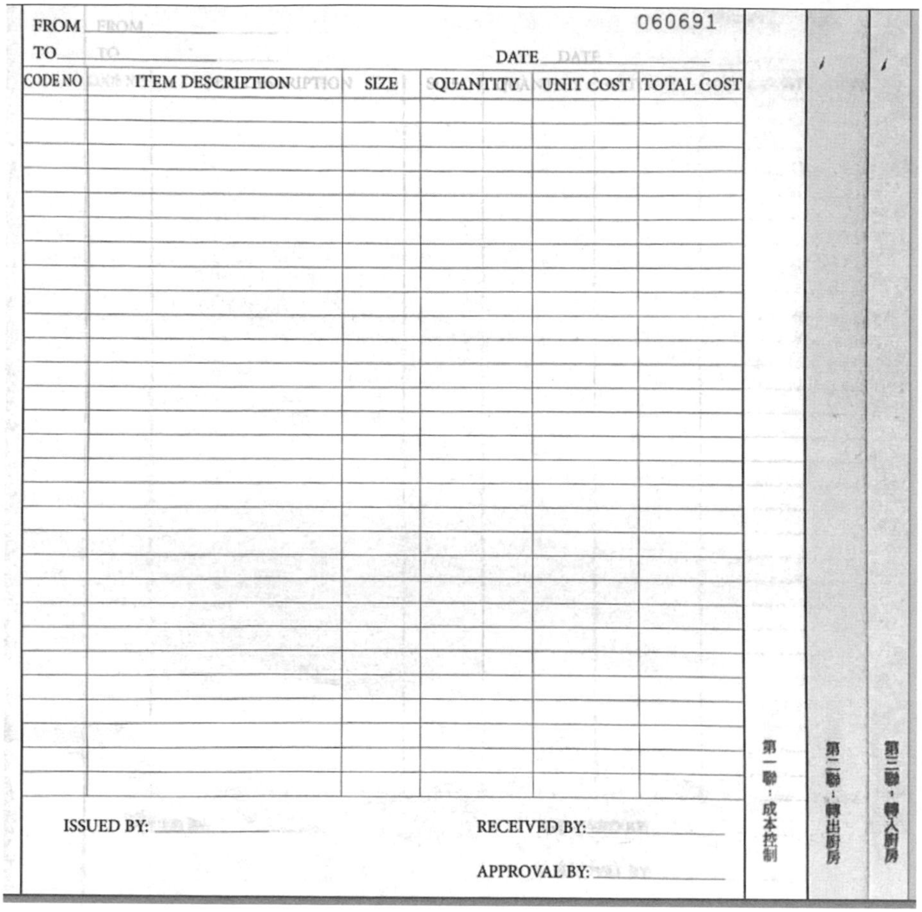

FROM

TO

060691

DATE

CODE NO	ITEM DESCRIPTION	SIZE	QUANTITY	UNIT COST	TOTAL COST

ISSUED BY:

RECEIVED BY:

APPROVAL BY:

第一聯：成本控制

第二聯：轉出廚房

第三聯：轉入廚房

圖8-6　某飯店之手寫三聯式領料單（部分內容）

五、食材驗收標準

由於採購的食材相當繁雜，各類的食材均有不同的驗收標準與注意事項，以下則分**表8-7**新鮮食材與**表8-8**乾貨與冷凍商品進行食材驗收之參考規格說明。

表8-7 食材驗收參考規格——新鮮食材

品項	外觀	味道	其他要求
食米	1.無米粒黃化、透明度降低、失去光澤之現象。 2.無摻雜碎石及雜物。 3.標示碾製日期及檢驗日期。	無霉味或異味	驗收日期應為碾製日期起算15日內為限。
全穀根莖類	1.完整無發霉、結塊、變色、蟲蛀（咬）、昆蟲。 2.包裝完整，無破損及髒污，且標示合乎規定。 3.真空包裝者須密實。	無霉味或異味	1.驗收日期應在有效期限內之前二分之一日期。 2.加工品（如濕麵條、米苔目等）經過氧化氫檢驗不得有殘留反應。
肉類	1.需具有CAS標章、屠宰標示（雞肉）。 2.包裝完整，無破損及髒污，且標示合乎規定，不得做拆封或改包裝。 3.肉色正常，無染色或變色。 4.冷藏品以手指輕壓具有彈性。 5.冷凍產品包裝不可結塊及含冰霜。 6.無瘀傷、過多血水及異常結晶現象。 7.表面需脫毛完全。 8.產品中不可摻雜異物（如毛髮、塑膠物等）。 9.進貨貨源以同一批貨源為主。	無臭味、油耗味或異味	1.驗收日期應在有效期限內之前二分之一日期。 2.以手觸摸表面無黏滑感。 3.肉類含脂肪率可與廠商訂定進貨標準。 4.送達溫度必須符合規定。
蛋類	1.視契約規定，需有CAS標章或產銷履歷證明之產品。 2.包裝完整，無破損及髒污，且標示合乎規定，不得做拆封或改包裝。 3.蛋殼乾淨完整，無雞糞或稻殼，無破損或裂痕。 4.蛋液中不得含有異物。	無臭味或糞便味	1.驗收日期應在有效期限內之前二分之一日期。 2.冷藏液蛋送達溫度必須低於7℃以下。 3.供應量為1人1份者，重量誤差應在10%以內。
奶類	1.盒裝奶類需具有CAS、GMP標章，鮮乳需有鮮乳標章。 2.包裝完整，無破損、髒污或膨脹。 3.不得做拆封或改包裝。 4.產品應為同一批號，並附原廠出貨證明。	無酸臭味或異味	1.驗收日期應在有效期限內之前二分之一日期。 2.冷藏產品運送時需全程有保冷設備。

（續）表8-7　食材驗收參考規格——新鮮食材

品項	外觀	味道	其他要求
海鮮類	1.優先使用具CAS、HACCP標章產品。 2.顏色正常，無染色或變色。 3.產品中不可摻雜異物（毛髮、塑膠物等）。 4.包裝完整，無破損及髒污，且標示合乎規定，不得做拆封或改包裝。 5.冷凍品包裝不可結塊及含冰霜，真空包裝者須密實。 6.進貨量以不包冰重量為主。 7.大小規格需平均一致。 8.進貨貨源應以同一批為主。	無臭味或異味	1.驗收日期應在有效期限內之前二分之一日期。 2.以手觸摸表面無黏滑液。 3.包裝箱規格標示：5-6（代表每斤5-6片，每片100-120公克），7-8（代表每斤7-8片，每片75-85公克），其他以此類推。
豆製品、麵筋類	1.豆腐棧板應乾淨無破損。 2.無雜物或染色（注意是否有添加皂黃）。	無酸味、油耗味或異味及漂色	1.豆製品需為當日製作。 2.經過氧化氫檢驗不得有殘留反應。 3.以手觸摸表面無黏滑感。 4.如進貨規格為「非基因改造」須提具證明。如為包裝性食品，則需依法正確標示「基因改造」等相關字樣。宣稱為非基因改造食品者，則需提具相關證明文件備查。
蔬菜類	1.優先選用當季盛產蔬菜。 2.盛裝容器完整無破損及髒污。 3.無變色、腐爛、乾癟或壓傷。 4.產品中不得摻雜異物。 5.根莖類不可發芽或發育不全。 6.CAS截切蔬菜需具有證明，且標示完整。 7.冷凍蔬菜應優先使用具CAS產品，包裝完整無破損，不可解凍、出水、變色或夾雜異物及冰霜。	無腐臭、發酵味	附農藥殘留證明。
水果類	1.優先選用當季盛產水果。 2.盛裝容器完整無破損及髒污。 3.無腐爛、發霉，熟度適中。 4.CAS截切水果需具有證明，且標示完整。	無腐臭或發酵味	1.截切水果需當日處理。 2.截切水果若由廠商廚房處理後再運送至餐廳，需有採適當保冷措施。 3.儘量勿選用生產季末的水果。

參考資料：臺北市學校午餐標準作業流程。

圖8-7 進口龍蝦是高價海鮮，驗收重視保鮮

圖8-8 蔬菜驗收重視外觀的檢查

表8-8　食材驗收參考規格——油脂類、乾貨與冷凍食品

品項	外觀	味道	其他要求
油脂類	1.包裝完整無破損及髒污，且標示合乎規定。 2.需具有GMP標章、正字標記或其他標章。 3.不得做拆封或改包裝。	無油耗味或異味	驗收日期應在有效期限內之前二分之一日期。
調味品及其他	1.包裝完整無破損及髒污，且標示合乎規定。 2.產品無發霉、結塊、變色、蟲蛀（咬）、昆蟲。 3.不得做拆封或改包裝。 4.食用油、醬油、醋、番茄醬等調味品（料），須有GMP或CAS或㊣字標誌等國家認證（如無上述證明，可採合格工廠產製）、廠商名稱、廠址及電話、保存期限……等。 5.乾貨進貨時須包裝標示完整，無品質不佳狀況，必要時廠商應提供證明。 6.包裝袋（或罐頭）污損、凹罐、膨罐、不完整……等，應予退貨。 7.同種產品應同一有效期限。	無霉味或異味	驗收日期應在有效期限內之前二分之一日期。
冷凍食品類	1.優先選用CAS標章產品。 2.包裝完整無破損及髒污。 3.產品標示清楚，未經塗改。 4.產品無發霉、結塊、變色、蟲蛀（咬）、昆蟲。 5.不得做拆封或改包裝。 6.外觀應堅硬，不得有冰晶、結霜、脫水或解凍現像，送達溫度（車溫、品溫）須符合規定。 7.以原廠冷凍狀態交貨，無解凍軟化現象。 8.進貨貨源以同一批貨為主。	無臭味或異味	驗收日期應在有效期限內之前二分之一日期。

參考資料：《臺北市學校午餐標準作業流程》。

六、食材倉儲管理之原則

食材驗收確認無誤後，則轉進倉儲管理。倉管人員之後便掌管所有食材的新鮮度與成本，是重要的幕後工作人員。以下是倉管的職責說明：

1.物品要按性質、特點、類別堆放整齊。對易交叉感染之食材要分開存放。

2.要控制好常用物品的庫存量。

3.倉庫要保持乾淨、通風。
4.要定期或不定期的檢查物品有效期。
5.做好每天物品出、入庫手續，並及時將出、入庫單據在電腦建檔。
6.入庫時要認眞做好數量、質量把關。驗收進口物資必須檢查是否有防疫部門檢驗證。
7.月底應清盤庫存物資是否帳物相符，並在盤存表裏註明食品進庫時間及到期日。

爲了讓公司在食材成本的浪費上降至最低，需遵守以下倉管的基本原則：

1.各種食材產品一定要採「先進先出」的準則，
2.其次是能估算安全存量，基本安全存量的標準，一般冷藏食材不要超過5天，所以不須進入總倉，可以要求廠商先直接將食材送到驗收區，驗收完後，請使用單位主動、快速來領用。
3.所有進倉庫之商品一定要標示，包括進貨日期、保存期限。如果保存期限僅剩下一個月，務必要通知並強制所有的使用單位前來領用。食材到期日前十天，需要求所有使用單位領走並出清。倉儲人員務必要將倉庫內的商品造冊、建檔、分門別類。也需要分區、分格、分間整齊有秩序擺放，如果貨品沒有分門別類，會造成出貨時段拉長、現場混亂、浪費作業時間等問題。

參考文獻

一、中文部分

〈大廚採購須知：採購成本五控法〉，2017，https://kknews.cc/home/bkoqqa9.html，瀏覽日期：2023年1月14日。

〈后綜高中午餐食材驗收流程與驗收標準〉，https://hzsh.tc.edu.tw/p/412-1071-4351.php，瀏覽日期：2023年1月12日。

〈食材驗收參考規格〉，www-ws.gov.taipei›DownloadA-7.1-1，瀏覽日期：2022年10月29日。

〈食材驗收標準〉，hzsh.tc.edu.tw›p›412/1071/4351，瀏覽日期：2022年10月29日。

〈臺北市政府教育局-學校供餐管理-臺北市學校午餐標準作業流程〉，www.doe.gov.taipei› News_Content，瀏覽日期：2022年10月29日。

〈餐飲行業採購管理工作流程和方法〉，2019，https://kknews.cc/zh-tw/news/mp26n49.html，瀏覽日期：2023年1月14日。

王正寧（2011），〈豆乾，近半泡雙氧水〉，《聯合晚報》，https://theme.udn.com/theme/story/6126/217974，瀏覽日期：2023年4月22日。

東方美食（2017），〈大廚採購須知：採購成本五控法〉，https://kknews.cc/home/bkoqqa9.html，瀏覽日期：2023年1月14日。

林有清（2020），〈跟著主廚逛中華市場 體驗廚藝職人採購哲學〉，中華新聞雲，https://www.cdns.com.tw/articles/192613#:~:text，瀏覽日期：2023年3月18日。

二、外文部分

Jamie Silman, “Where Do Restaurants Buy Their Food?”, https://yourrestaurantriches.com/where-do-restaurants-buy-their-food/，瀏覽日期：2022年10月29日。

“Food Suppliers for Restaurant”，https://www.restohub.org/operations/inventory/food-suppliers-for-restaurants/，瀏覽日期：2022年10月29日。

食材之行銷應用

- 從農場到餐桌
- 季節性食材之行銷
- 永續食材之行銷
- 營養與健康食材之行銷

近年來隨著養生概念與環境議題的盛行，國人對於食材的挑選及食用，也就不只是爲了吃飽。食材的來源、食材對環境的友善與否、食材對於人體健康的補充與疾病預防等，都成爲餐飲業在行銷自家餐廳產品的重要概念。如何利用食材適時行銷餐廳的產品，餐廳經營者必須對於食材有一定程度的瞭解，才有可能妥善運用。以下便是針對食材目前在推廣與餐廳行銷上的利用，進行以下分節之介紹。

第一節　從農場到餐桌

「從農場到餐桌」（from farm to table）的飲食概念約自2014年開始出現，類似的概念之後也陸續被應用，如「從牧場到餐盤」（from paddock to plats）、「從農場到餐盤」（from farm to plats）、「從種子到餐盤」（from seed to plats）等。這些概念的重點均強調食材來源清楚，但也包含在地生產、天然無加工食品、季節限定、環境意識等理念。

推動「從農場到餐桌」的另一項思考點是支持在地農民，尤其現今有更多的小農需要實質的經濟回饋，才能夠實現在地耕種的理想，因此餐廳一旦提供「從農場到餐桌」的供應模式，無疑是支持小農的積極作法，當然也較容易獲得消費者的支持，進而願意到餐廳來消費。

「從農場到餐桌」也於近年來被歐盟推動的綠色革命所認證。歐盟爲了承諾在2050年達到碳中和，於2019年12月發布綠色新政，綠色新政其中的十大政策項目之一便是「從農場到餐桌」，其目的是在建立公平、健康與友善環境的糧食體系，策略目標則包括減少化學農藥及抗生素使用、減少過度施肥、提倡有機農業、增進動物福利以及維持生物多樣性等。**圖9-1**即爲歐盟推動綠色新政的藍圖。

臺灣有許多的餐飲NGO團體曾經與餐飲業策略聯盟辦理「從農場到餐桌」相關活動，讓餐飲業者也能從活動中學習其深層意義。例如臺灣慢食協會曾舉辦「從產地到餐桌」系列活動，帶領一般民眾走進田裏或農

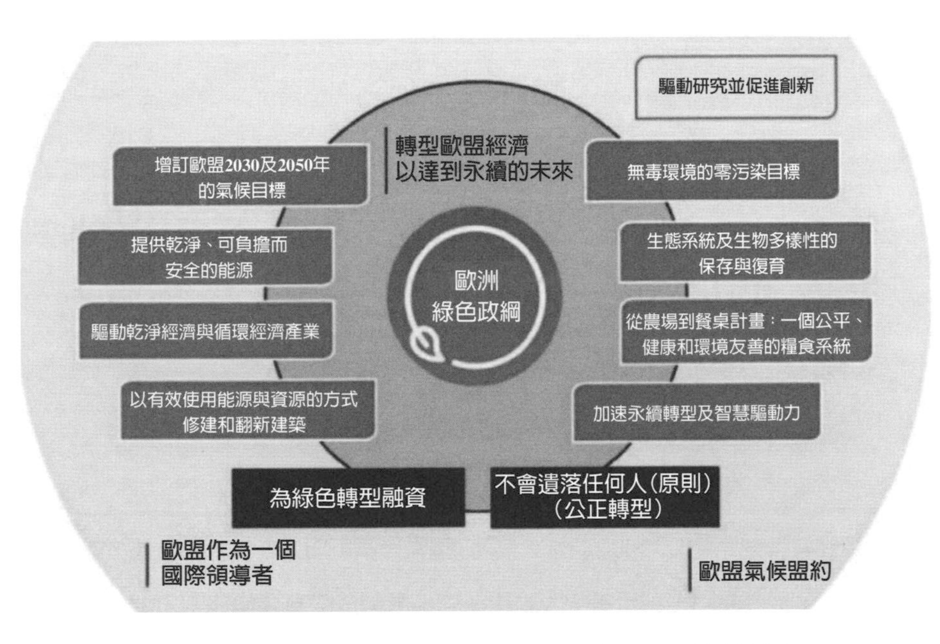

圖9-1　歐盟之綠色新政藍圖，「從農場到餐桌」即為策略之一

場，學習認識食材的源頭，再進而回到餐桌用餐，在用餐的過程中對於食材便會有新的體認。**圖9-2**便是該系列活動之一，讓參與的消費者認識小麥在臺灣的生產發展之歷史與現況，除了親自體驗在臺中大雅小麥田種植小麥的辛勞，也在小麥田旁擺起餐桌，大家一同體驗用當地大雅小麥製成的麵條。

圖9-2　大雅小麥之從產地到餐桌的活動海報

圖9-3　利用臺中大雅種植的小麥製成的彩色麵條

圖9-4　臺中大雅小麥田旁舉辦的「從產地到餐桌」活動用餐現場

第二節 季節性食材之行銷

臺灣一年四季都會有不同的季節性食材，餐飲業可以透過與在地農產品合作社、在地小農，發展出專屬於在地特色的餐點及飲品，與第一節的「從農場到餐桌」有密切的連結性。以下從主管機關農委會的角度與餐飲業的角度，介紹如何進行季節性食材之行銷。

一、從主管機關角度進行推廣

近年來不僅農委會，相關NGO團體均在推廣「地產地消」（本地生產，本地消費）觀念，將食材融入旅遊行程當中，讓民衆走進農、漁村。這項綠色產業，不僅提高觀光產業之深度，也讓消費者從實際的休憩體驗活動中，瞭解農漁業的自然、文化與臺灣土地的價值，並促進城鄉交流，活絡農漁村經濟，縮短城鄉距離。

農委會所推動的「食材旅行」，就是讓消費者直接到食材產地，從認識食材、農事體驗、料理烹調到伴手禮製作等，以最直接的方式和農民、農村以及土地產生更深厚的連結。透過支持「地產地消」，購買「對時」的季節產地作物，才是眞的「對食」，與上節的「從農場到餐桌」理念相同。

由於都市化與商業化的高度發展，「價格」成爲農產品和消費者間唯一的連結。消費者不知道農民種植作物的過程與價值，農民也不瞭解消費者的需求，近年來「產地到餐桌」的飲食風尚被逐步推廣，但消費者可能僅止於「重視食材」的生產過程，而不是眞正「認識食材」的生產過程，於是，「食材旅行」的概念也應運而生。

例如農委會在2012年推出的「農遊花東．尋寶好食光」系列活動，該活動便是以「食材旅行」爲主題的農遊闖關活動，除了精選花東十個農遊重鎮必吃的15款特色創意便當，加上休閒農場、田媽媽料理班及農會農特產品展售中心等，總計規劃出80個尋飽點，希望民眾暢遊花東，尋訪最當季、最在地的好滋味，同時藉由實際從事農事體驗，認識食材與利用食材。

另外，農委會在2013年也推廣彰化農村食材之旅，如員林的楊桃，大村及溪湖的葡萄，芬園的龍眼、荔枝等，讓遊客到當地採摘果實與認識農產品，符合現代人的休閒旅遊需求。漁鮮美食如珍珠蚵、文蛤與烏魚子。這些將成爲旅遊後可以回味無窮的記憶。

食材旅行另一項意義是和農民溝通。無論去到休閒農場、農民市集或農會經營的農特產展售中心，皆可藉由互動、品嚐、採買，瞭解農業也瞭解農民的理念，絕對有助於消費者認識食材與食材的價值，也對農民因掌握消費需求而審視栽培理念，進而改良栽培方式等，對於農產品的品質確保、安全維護，都有實際助益。

農委會另一項活動「鮮享在地－嚐鮮大使」選拔活動，選出兩名素人嚐鮮大使，以一個月的時間進行美食深度之旅，駕駛嚐鮮車前往農家與

圖9-5　火龍果農場主人介紹種植火龍果的相關工作

田媽媽班，實地體驗採摘在地食材與品嚐道地風味美食，並把在旅途中感受到的暖暖人情味和嚐鮮經驗，利用社群網站和民眾分享。

上述活動規劃從宜蘭出發到高雄，駐足十個縣市、走訪十三個休閒農業區、超過40多家田媽媽班與休閒農場，體驗到的食材估計將近有百種，例如到苗栗公館採芋頭、手作芋頭糕；到雲林口湖捕撈烏魚、學漁夫殺烏魚取卵、曬烏魚子並品嚐烏魚料理；到臺南官田穿青蛙裝下田採菱角，親手做菱角染，再到田媽媽餐廳吃菱角粽。

利用農業食材教育活動，如以在地農產品為主題，讓學童親手栽植到烹調，認識在地農產品的特色，除親身體驗農夫耕作之辛勞，更懂得要珍惜在地寶貴的食材。也可以針對青少年族群，設計「從產地到餐桌」一整系列的課程，包括每日飲食指南、良好飲食習慣、食物里程、品嚐當地當令食物、糧食安全、對食物心存感恩等，透過課程推動地產地消的理念、探討全球糧食危機、認識食物和食品的差異、培養正確的飲食習慣等。

圖9-6　帶著小朋友認識菇蕈

圖9-7　菇蕈的生長環境介紹

圖9-8　臺灣慢食協會曾在2015年舉辦Terra Madre Day的拔蘿蔔活動

二、餐飲業的季節食材行銷

餐飲業除在上述的相關推廣活動上能夠參與之外，回到餐廳本身，餐廳經常利用季節性食材而推出「今日特色菜」，讓消費者除了制式的菜單上面的選項外，還多了一些季節性選項，也能吸引消費者嚐鮮；餐廳提供的另一種季節性食材之銷售便是在「無菜單料理」上的應用。

(一)今日特色菜單

源自於法文Du Jour Menu的「今日特色菜單」，指的即是英文的“of the day”之使用。這類的菜單因爲經常更換，較不會出現在傳統的固定單點菜單內，可能以黑板等展示工具來告知顧客相關的今日或主廚推薦菜之餐飲資訊。

圖9-9　位於墨爾本的DOC義大利餐廳，在店內黑板菜單介紹今日特色披薩

此菜單是建立在一般採用固定菜單的餐廳來使用，但卻與無菜單料理有少許的共同性，這些菜單所採用的食材，其可採用的季節較爲短暫，供應時間也有限，因此推薦的菜色可能僅爲一至二道菜餚。

由於菜餚品項多樣且不斷變化，因此配合季節性的「今日推薦菜」這類的菜單，提供客人另一項菜單上的選擇。現今社會也開始重視食材的在地與季節性，讓客人可以吃到最新鮮、最合理的價格之菜色，因此許多餐廳甚至會每天推出「今日推薦菜」。基本上，這類的菜單內容每天都不會一樣，餐廳常利用黑板可以擦拭的方便性，來介紹這類菜單，因此又稱爲「黑板菜單」（chalkboard menu），增加菜單修改的彈性。

(二)無菜單料理

臺灣約在2005年左右，開始有幾家餐廳推出「無菜單料理」，之後便慢慢有越來越多的餐飲業投入這項經營模式。此類餐廳強調的是由主廚尋找當日季節性食材來設計當日料理，因此無法提供制式的菜單供客人點菜。無菜單的餐廳經營方式看似隨性，但考驗廚師的即時反應，因爲廚師必須對季節性時才有強烈的敏感度，每天都須開設當天菜色的菜單，工作具挑戰性，但卻最能提供客人當季的新鮮食材和展現廚師精湛的廚藝。

由於無菜單料理已經限制菜色內容，客人多無法自由點餐，因此也將此料理的菜單設計置於套餐類別進行介紹。自英文上的使用來看，西方國家多以menu free或是no menu來代表此類餐廳的菜單設計策略，但也有採用英文的no choice來看待廚師的「唯一菜單」，以下爲詳細之說明：

◆無菜單（no menu）

此類餐廳可以是上述所提的概念，即由主廚每天隨食材的取得來決定菜單內容。在臺灣花蓮的「陶甕百合春天」餐廳則是相當典型的無菜單料理餐廳，主廚提供的菜色需視當天或前一天捕獲的食材才能決定，但該餐廳提供不同的套餐價格讓客人可以事前預訂800元或是1,200元等之套餐。

全臺最難訂的「無菜單料理餐廳TOP6」

1.初魚鐵板燒（新光A9店）

從臺北開到臺中的高CP值鐵板燒，店內氛圍沉穩低調，採單一價位的無菜單料理，每個月會換一次菜單，只能官網線上訂位且預約時就要支付用餐費用。

2.鐵F.F TEPPAN BISTRO鐵炭酒（師大店）

臺北著名的平價無菜單鐵板燒料理，店內裝潢採深藍色牆面，搭配墨綠色絨布椅子，用餐價格是990元+10%，若想將套餐的大蝦換成龍蝦可提前加購預訂。

3.饗宴鐵板燒

宜蘭知名的無菜單料理餐廳，店家選用南方澳及大溪漁港的在地海鮮，套餐有分1,950、2,250、2,650、3,950、時價等五個價位。（宜蘭縣五結鄉）

4.WILL's TEPPANYAKI

以海鮮料理占大多數的無菜單鐵板燒，店內座位有限，因此一次最多只能接待17位客人，套餐價格為2,080元＋10%。（臺北市松山區）

5.食光宴鐵板料理

位在臺南善化南科的精緻無菜單鐵板料理，主要以預約訂位為主，中午提供一場，晚上則是兩個時段，海陸套餐有八道菜色，價位則有800、1,280、1,480、1,960等四種。

6.明水然無菜單鐵板燒（慶城店）

主打使用當季新鮮食材烹煮出高CP值的海陸雙拼鐵板燒料理，價位有1,390元、1,890元跟3,000元可以選擇，另外會收一成服務費。（臺北市松山區）

資料來源：Amber Lin與Angelina Lee，2022年9月19日，https://www.cosmopolitan.com/tw/lifestyle/food-and-drink/g41078626/omakase-top6-20220905/

在紐約布魯克林當地唯一的米其林三星餐廳Chef's Table，也以無菜單料理著名。餐廳內僅有18個位子，雖然價格昂貴，每人一餐須支付362.21美元，這家餐廳依舊很難預訂。設法預訂餐廳的客人永遠不知道主廚César Ramirez會提供的餐點內容，因爲他每天早上都會改變24道菜的菜單（此爲品嚐菜單；tasting menu）。客人僅能知道這些菜餚的基本結構：小盤前菜、起司、湯和甜點，主菜大多數都是海鮮，眞正的菜色內容均須等服務人員上菜後，才會知道能夠享用到哪些食物。

◆無選擇性菜單（no choice menu）

無選擇性菜單指的是餐廳僅提供一份菜單，可以是每天都不一樣，如第一類的Chef's table之案例，也有可能每星期或是每月、每季更換菜單。如2022年拿到臺北米其林二星的RAW餐廳即爲每季更換，但僅提供一種菜單，消費者沒有其他選擇性。另外，位在美國加州Yountville的Ad Hoc餐廳，由著名的主廚Thomas Keller主持，最初被設計爲一個臨時的快閃餐廳，餐廳提供一套四道菜的家庭式、屬於家庭溫馨菜餚（comfort food）的菜單。但由於受到客人的喜愛，經營相當成功，主廚Keller決定讓Ad Hoc餐廳成爲永久性餐廳。自2007年以來，Ad Hoc餐廳一直在爲其客人提供不斷變化的每日菜單。無論何時，客人都能在餐廳吃到期待的家庭式的熟悉菜色。

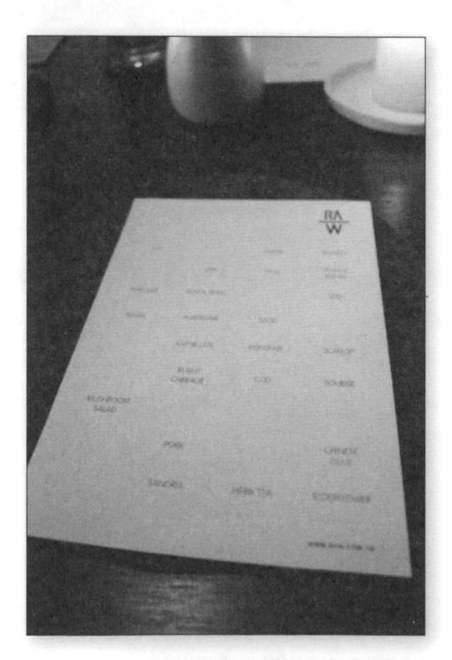

圖9-10 RAW提供的套餐菜單為每季更換，但也因為只有一種，可被歸類為「無選擇性菜單」之餐廳

第三節　永續食材之行銷

餐廳除了利用奢華的食材，如龍蝦、帝王蟹、鮑魚等來吸引消費者之外，現今最夯的食材應該就是永續食材了。若能讓消費者知道餐廳的永續經營理念，便能吸引對於環境議題關注的消費者前往消費。

一、永續餐廳的定義

爲了讓餐飲產業能夠走向永續經營，更加友善環境，永續餐廳協會的評估標準，成爲經營者與主廚瞭解轉化成永續餐廳之細節，包括進行方式、取得利益、產生成本，當然也包括永續的精神所在。永續餐廳的八大要項，其中五項均與食材有關，內容如下：

(一)強調在地和季節性

使用100%在地生產肉品，推廣在地季節產品，根據季節變換菜單，100%瞭解食材來源，至少直接自一名當地農民、漁民或生產者採購食材。

(二)提供較多的蔬菜與好的肉品

不提供紅肉，菜單至少有一半是素食，提供小份量（85克或以下）的肉類，不提供雞籠蛋（cage eggs），每天至少提供一道素食菜餚。

(三)採購可靠來源（responsible source）的魚類

不提供瀕危物種（依據國際自然保護聯盟瀕危物種紅色名錄），菜單上需避免產卵季節的魚類，只提供對環境低影響或經認證爲永續海鮮的魚類（英國要求MSC認證），在菜單上提供客人魚類的永續資訊，在菜單上提供多種選項。

(四)讓消費者吃到對的食物

為所有兒童餐提供至少兩份蔬菜，菜單上提供卡路里與過敏原資訊，不提供「吃到飽」選項，菜單上的主菜不超過消費者被建議的每日卡路里、脂肪、糖或鹽攝取量的50%。

(五)公平對待員工

為員工提供每班至少免費一餐，員工不可無償加班，確保同工同酬、客戶提供的小費都能到達員工手中，員工均有正規投訴管道。

(六)珍惜自然資源

採用100%綠色能源，不使用瓦斯（gas）進行烹調，使用LED燈，監控並設定能源和水消耗的減排目標，對員工進行節能和節水訓練。

圖9-11　臺灣也開始重視永續食材

(七)支持鄰近社區

餐廳提供殘障人士服務，協助慈善事業募款，將員工的時間或空間無償提供給需要的人，能夠評估餐廳的社會影響、是具有社會包容性的招聘人員之餐廳。

(八)減少垃圾、再利用、回收

不使用塑膠吸管、餐具等，會回收玻璃、塑膠和紙張／紙箱，不製造（最少量）垃圾，只使用100%可重複使用或可堆肥的塑膠製品。

二、永續餐廳之案例一

臺灣的Mume餐廳在2022年獲得亞洲永續餐廳（Flor de Caña Sustainable Restaurant Award 2022）的殊榮，也是唯一的一家，雖然臺灣媒體報導的不多，但外文媒體卻特別提及，利用臺灣在地特色食材是致勝關鍵之一。

Mume採購的食材中有90%是來自臺灣，食材不僅是餐廳的核心精神，亦是行銷關鍵。經營者兼主廚的Rickie Lin曾提到：「我想打造一家，只有來臺灣才能吃到這些食材的餐廳，如果用進口食材，這家餐廳就跟到其他國家一樣。」其中重要的食材——野生海鮮，它通常是從當地漁民那裏捕獲的，菜單隨時根據捕獲的魚種進行調整。另外也充分利用食材的任何部位與其價值，如魚頭、魚骨、魚尾巴等可製作高湯；水果皮會用於製作美味、酥脆的洋芋片，香草莖也可用於醋的調味，食材很少有機會進入食物垃圾箱。餐廳團隊不僅定期拜訪食材生產者，員工也藉此機會學習推廣這些永續生產的食材。

三、永續餐廳之案例二

名列世界前五十大殊榮（World's 50 best Discovery 2021; World's 50 best restaurants 2020）的Pasture，位在紐西蘭首都奧克蘭，由主廚Ed Verner主持，如同餐廳取名為「牧場」（Pasture），Ed強調餐廳的核心精神是屬於自然風格的飲食。在永續的經營上，表現最突出的也是食材這一塊，也因為強調食材的在地與永續，讓她獲得極高評價。

(一)強調在地特色食材

菜單以當季食材為主，但特別強調紐西蘭的在地與獨特，如當地的野生禽鳥muttonbird、藍鮑魚（blue abalone），還外有以毛利語稱之的kahawai（國王魚、kingfish）等。

(二)減少食材浪費

為了以最大限度減少食材浪費，主廚Ed擅長利用傳統的保存、發酵和乾燥來延續食材的生命，並給予最大可能的發揮，例如：自製陳年的和牛油（脂肪）、甜點中的豆皮，則是利用榛果油自製；生魚片也利用熟成（aged）技術增添風味，完全不浪費。另外，Ed也擅長採原始的柴火烹調（wood-fire cooking），並偏好採買整隻動物，並充分利用。

(三)與生產（種植）者合作

Ed多與當地食材生產者合作獲得食材，也盡可能自製食物。例如餐後會致贈客人外帶的德國麵包（sourdough bread），便是採用當地種植的穀物，每天以花崗石磨坊磨成的麵粉所製成；另外也考量海洋生態，僅與當地採線釣（line-caught）的漁夫購入漁獲，不採買來自大量捕撈的魚貨。

圖9-12 紐西蘭的Pasture餐廳不用瓦斯、電進行烹煮，強調永續精神

第四節 營養與健康食材之行銷

現代人不再重視吃飽，而是要吃得巧，吃得健康與營養。如果能在消費者挑選食物的過程中，提供一定的健康資訊，將可吸引消費者的購買意願。因此餐廳從業者或是廚師必須對食材的營養成分有一定的瞭解，能夠在烹飪時針對各種營養需求得心應手來搭配。以下則針對菜餚所含營養素進行每分之估算標準與世界和臺灣的健康食材進行介紹。

一、「食物代換表」的認識

根據衛生福利部國民健康署資料得出：「營養素」是指在食物中具有生理價值的成分，能建造與修補身體組織，提供熱量及調節生理機能。營養素的成分分為蛋白質、醣類、脂肪、維生素、礦物質、水六大類。

基本上大部分的食材其實能被分成六個大類的其中一類，同一大類的食材含有的營養成分比例則非常相似，差異性僅在於脂肪的含量。2019年衛福部推出「食物代換表」之參考資料，從**表9-1**可讓負責烹飪的廚師學習認識計算每份（標準份）食物含有的熱量及營養素。

表9-1 食物代換表

六大類食物	熱量（大卡）	蛋白質（克）	脂肪（克）	醣類（克）
全穀雜糧類	70	2	微量	
豆魚蛋肉類（高脂）	120	7	10	微量
豆魚蛋肉類（中脂）	75	7	5	微量
豆魚蛋肉類（低脂）	55	7	3	微量
乳品類（全脂）	150	8	8	12
乳品類（低脂）	120	8	4	12
乳品類（脫脂）	80	8	微量	12
蔬菜類	25	1	--	5
水果類	60	微量	--	15
油脂與堅果種子類	45	--	5	--

資料來源：衛福部。

二、名列前茅的營養食材

由於臺灣的外食市場蓬勃發展，廚師更是消費者健康的把關者，必須瞭解哪些食材是對人體健康有幫助或是有害，進一步再利用其營養與健康價值來進行餐廳產品之行銷。

英國曾在2018年介紹過世界上最有營養的一百種食材，其中前十名，以每份100克爲基礎，其營養素與卡路里之介紹如下：

1.杏仁（almonds）：富含單不飽和脂肪酸，每份含579卡路里，有益心血管保健與糖尿病。

2.番荔枝（cherimoya）：番荔枝產自安第斯山脈山麓的哥倫比亞南部，也有另一個說法是與臺灣釋迦同一品種，但其實兩者外觀有許多相似之處，卻又不全一樣。番荔枝每份含75卡路里，富含糖分、維生素A、C、B_1、B_2和鉀。

3.海鱸魚（ocean perch）：屬於大西洋魚種的深海海魚，每份含79卡路里。富含蛋白質，飽和脂肪含量很低。

4.比目魚（flatfish）：每份含70卡路里，一般不含汞，富含重要養分維生素B_1。

5.奇亞籽（chia seeds）：每份含486卡路里，含有大量的纖維素、蛋白質、a亞麻酸、酚酸和維生素。

6.南瓜籽（pumpkin seeds）：每份含559卡路里，也包括其它種類的南瓜（squash）。植物類中最富含鐵、錳的一種食材。

7.莙薘菜（Swiss chard）：含有甜菜素、植物生化素的爲數不多的食材之一，擄有抗氧化等健康益處，每份含19卡路里。

8.豬油（pork fat）：豬油是維生素B群和多種礦物質的來源，而且豬油更多爲不飽和脂肪，每份含632卡路里，比羊油、牛油更爲健康。

9.甜菜葉（beet greens）：富含鈣、鐵、維生素K以及維生素B群，特別是核黃素，每份含22卡路里。

10.鯛魚（snapper）：海魚，最有名的是紅鯛魚，每份含100卡路里。很有營養，但有可能因爲海洋汙染而攜帶微量毒素。

其餘11至20名，則依序爲11.乾百里香（dried parsley），12.芹菜（celery flakes），13.西洋菜（watercress），14.橘子（tangerines），15.綠色梨子（green peas），16.狗魚（pike），17.阿拉斯加狹鱈（Alaska pollock），18.青蔥（green onion），19.紫色高麗菜（red cabbage），20.太平洋鱈魚（Pacific cod）。

圖9-13　排名第二健康的食材——番荔枝

圖9-14　排名第一的最營養食材——杏仁

臺灣的林容安營養師則在2022年特別推薦臺灣特有的十種健康食材（療日子，2022），在臺灣當地容易獲得，也可以更合理的價格取得。在有足夠的資訊背景下，若能提供給消費者認識這些食材的健康與營養，也會吸引更多消費者有意願消費。

1.地瓜（澱粉類）：地瓜所含的纖維有50%是水溶性纖維，膳食纖維含量高，可以幫助降低膽固醇、維持腸道好菌生長，對於維持腸道健康是很好的食材。所含的礦物質鉀可以幫助身體排水利尿，另地瓜也富含鎂、鈣等礦物質。

2.南瓜籽（油脂類）：現代人對於「礦物質鎂」非常缺乏，通常存在於深綠色的蔬菜，鎂與肌肉和神經放鬆有關，當缺鎂的時候人會比較容易情緒不穩，以及想吃甜食、零食，或是夜間有不寧腿、腿抽筋的症狀。礦物質鋅與傷口癒合、皮膚健康、後天免疫力及男性攝護腺健康，都具有高度相關。

3.毛豆（蛋白質類）：許多人不知道，毛豆其實就是尚未熟成的黃豆，毛豆是臺灣盛產的一種植物性蛋白質食物，是一個非常良好的優質蛋白來源。相較於肉類等常見的蛋白質來源，毛豆除了不含有飽和脂肪酸，也是低油、低熱量的蛋白質選擇，且富含很多人體必需的胺基酸。它富含異黃酮類、皂素及維生素B群。而異黃酮也被認爲是在預防女性癌症，以及預防更年期後骨質疏鬆的重要成分。

4.紫高麗菜（蔬菜類）：紫高麗菜富含纖維質、花青素及維生素K。維生素K可以從健康的人體腸道菌自行產生，而深綠色葉菜以及日本的納豆則是主要食物來源。維生素K與人體凝血功能，及幫助代謝有關，其中也包含清除血管中沉積的鈣質，攝取充分的維生素K，能維持正常凝血功能，幫助維持血管健康。紫高麗菜屬於十字花科的蔬菜，其富含的吲哚成分，有助於肝臟的代謝功能，可以幫助人體在代謝多餘雌激素的時候，減少有致癌性的代謝產物產生，對預防女性癌症很有幫助。

5.地瓜葉（蔬菜類）：深綠色蔬菜多富含鈣質，且在鈣質含量及吸收率上不亞於牛奶。臺灣四季皆有、便宜又容易取得的地瓜葉，是深綠色蔬菜中鈣質含量最高的食物。地瓜葉有更高的維生素A含量，粗纖維能延緩餐後血糖上升，故攝取地瓜葉對於調控血糖也有額外的幫助。

6.黑柿番茄（蔬菜類）：屬於蔬菜類的大番茄，其含醣量非常低，且富含水溶性纖維，能幫助排便、降低膽固醇。臺灣特有的黑柿番茄，其果皮偏厚、色澤深，較一般番茄特殊，其除了富含對男性攝護腺很好的茄紅素之外，還有較一般番茄高含量的花青素，抗氧化力高。

7.香菇（蔬菜類）：香菇是富含多醣體的菇蕈類食材，可刺激人體的免疫系統，達到提升免疫的效果，此外，也有助於腸道益生菌生長。香菇的維生素D含量也是菇類中最高的，與鈣質吸收、免疫平衡、改善過敏等有關。此外，乾香菇中的維生素D含量會再比一般的香菇更高，屬於後天免疫很重要的營養素，建議日曬不足的朋友可以增加香菇的攝取。

8.大蒜（辛香料）：大蒜也被稱爲天然的抗生素，其中所含的大蒜素（allicin）有抗發炎、抗氧化的作用，能保護心血管。雖然大蒜並不能達到完全的殺菌，但確實是有抑菌的功能。若是在一些衛生環境條件較差的地方用餐，可隨餐吃一些含有大蒜的辛香料，以降低吃壞肚子、腹瀉的情形。平常多吃大蒜，也能降低自己被細菌感染的風險。

9.柳丁（水果類）：想要補充維生素C的水果，營養師最推薦臺灣的柳丁，維生素C是對免疫力很好的營養素，可以有效增強白血球清除細菌、病毒的能力。

10.鳳梨（水果類）：鳳梨屬於高維生素C含量的水果，本身富有鳳梨酵素，在餐後攝取可以幫助消化蛋白質、降低血管內的發炎。但鳳梨、香蕉都是水果類中糖分較高的種類，應避免過度攝取。

圖9-15 紫色高麗菜也被認為是最健康的食材之一

圖9-16 大蒜被稱為是天然的抗生素

參考文獻

Amber LIN、Angelina LEE（2022），〈全臺最難訂的「無菜單料理餐廳TOP6」，每個月換一次菜單、加價大龍蝦、只接待17位客人，超尊榮服務都在這邊！〉，https://www.cosmopolitan.com/tw/lifestyle/food-and-drink/g41078626/omakase-top6-20220905/，瀏覽日期：2023年2月13日。

〈知識篇：世界上最有營養的10種食材〉，BBC NEWS，2018年3月23日，https://www.bbc.com/zhongwen/trad/science-43501164，瀏覽日期：2022年9月8日。

〈食物代換表〉，衛福部國民健康署，https://www.hpa.gov.tw/Pages/Detail.aspx?nodeid=485&pid=8380，瀏覽日期：2022年9月8日。

陳怡瑋、廖鴻仁（2021），〈綠色新政「從農場到餐桌策略」 歐盟農業生產將下降7%至12%〉，《農政與農情》，https://www.agriharvest.tw/archives/58793#，瀏覽日期：2023年2月6日。

張玉欣、楊惠曼（2021），《菜單規劃與設計》，新北市：揚智文化。

張玉欣（2022），〈體驗Pasture的永續與無限可能〉，《料理・臺灣》，第65期。

張玉欣（2022）〈打破傳統餐廳分類—「永續餐廳」強出頭〉《料理・臺灣》，第64期。

郭映庭（2020），〈「歐盟綠色政綱」行動路線圖重點：碳關稅、能源稅改、綠色轉型融資、氣候盟約〉，環境資訊中心，https://e-info.org.tw/node/222594，瀏覽日期：2023年2月6日。

療日子（2022），〈營養師推薦2022臺灣健康食物排名！高營養密度的地瓜、柳丁都上榜〉，https://www.healingdaily.com.tw/articles/健康食物排名-食物營養/，瀏覽日期：2022年9月8日。

謝明玲（2022），〈米其林指南推薦台北台中必吃元宵與湯圓〉，https://guide.michelin.com/tw/zh_TW/article/dining-out/glutinous-rice-ball-michelin-recommended-restaurants-taipei-taichung，瀏覽日期：2023年2月11日。

蘇夢蘭、倪葆真（2014），〈推動地產地消食材、嚐鮮、體驗趣〉，《農政與農情》，https://www.coa.gov.tw/ws.php?id=2501065，瀏覽日期：2023年2月7日。

Chapter 10

食材與環境

- 食物里程
- 食材與碳排放量
- 基因與非基因食材
- 動物福利

由於氣候變遷，人類面臨極大的挑戰，不僅天災頻傳，極端氣候更讓人類吃足了苦頭。但食材的養成與取得過程卻與地球暖化脫離不了關係。因此當消費者要選購食材時，氣候變遷的議題也成為食材挑選上須關注的因素之一。

哪些食材與地球暖化有直接或間接的關係？食物里程的碳排放、食材養成的碳排放，都是近年來關注的焦點；另外，食材的取得過程也可能破壞生態環境，人類進行的基因改造食材與食品同樣對於環境有所危害；或是道德上、在處理可食性動物的過程，即近年來關注的動物福利議題等，都將在此章分節進行介紹。

第一節　食物里程

一、食物里程的概念

「食物里程」（food miles）指的是「食材從生產端到消費端所需的運送距離」。此概念是由英國倫敦城市大學教授Tim Lang博士於1990年所提出，意思是里程數越高，表示食物運送的距離愈遠，消耗能源愈多，排出更多的二氧化碳，所以「飲食」這件事與碳排放是有直接關係的。現代因交通發達，各國的生產品可以互通有無，但在運輸過程中所排放的二氧化碳會導致地球暖化、破壞生態環境，故現在常呼籲消費者儘量使用在地食材，以減少食物里程。

根據「臺灣環境資訊協會」所提供的資料顯示，一個人一生大約吃下五十噸的糧食。因此，正確的飲食觀念與友善環境的確能對生活的環境產生正面影響。如果消費者在選購食材時能多考慮使用在地食材，少買進口食材；或是前往餐廳消費時，選擇以在地食材為主要採購來源的餐廳，都能夠減少碳排放量，降低對環境的汙染，也是所謂的「綠色食物」。另

外，綠色食物也包括選擇在生產時對環境負擔較少的食材，如有機農法、生態養殖、魚菜（草）共生等與環境友善結合的生產方式，能爲永續地球、永續食物的目標盡一點心力，帶給環境正面價值。

二、食物里程的計算

食材里程的計算，通常以產地來區分兩大類，分別是國內（本地產）與國外（進口）兩類。

表10-1　食材里程計算方式之參考

食材（品）來源	計算方式
國內	查詢國內兩個地點間的距離可用google地圖的規劃路線。可直接以該產地地點的名稱，或市政府或區、鎮、鄉為代表都可以。
國外	進口食物：一般而言，國家到國家間的距離指的是首都到首都間的距離。 可用http://www.etn.nl/distanc4.htm查詢該國家首都機場到臺灣首都臺北松山機場間的距離，再加上臺北機場到你所在位置的距離（google地圖規劃路線），就是該進口食物的里程距離了。雖然這樣的算法是把國家首都間的飛行距離加上臺灣本島內的陸運距離當作食物里程，與直接空運或海運到你所在位置的距離仍有部分差距，但是應該足以作為一般民衆食物里程距離的參考。

另外，尙有一專門查詢食物里程與比較里程的網站（https://www.foodmiles.com/）。輸入資料爲國家別，因此，假設臺灣自澳洲進口牛肉，則輸入在地國家是臺灣，輸入出口國則是澳洲，再塡入品項，此網站便會提供自澳洲首都坎培拉至臺灣首都臺北的距離，此即該進口產品的食物里程。**圖10-1**爲計算出食物里程數的網頁畫面。因此牛肉這趟食物里程共計7,312公里（4,545哩）。若是臺灣自美國進口牛肉，**圖10-2**則顯示自美國進口牛肉至臺灣，食物里程共計12,649公里（7,862哩），較澳洲多出食物里程數約五百公里。

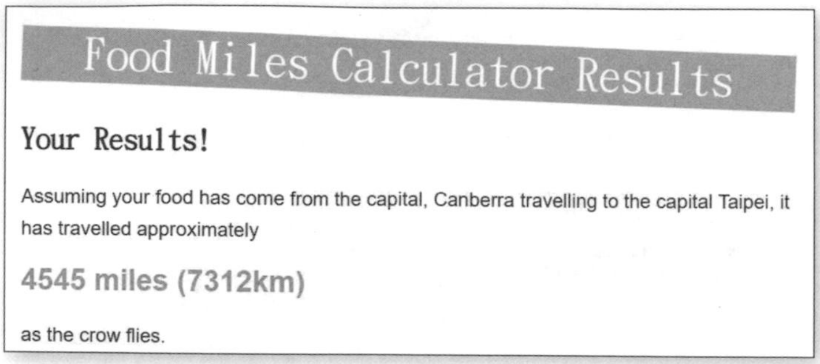

Food Miles Calculator Results

Your Results!

Assuming your food has come from the capital, Canberra travelling to the capital Taipei, it has travelled approximately

4545 miles (7312km)

as the crow flies.

圖10-1　食物里程計算結果（澳洲進口牛肉至臺灣）

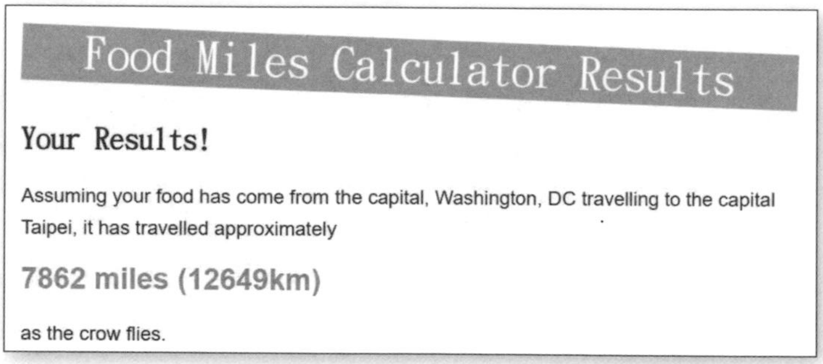

Food Miles Calculator Results

Your Results!

Assuming your food has come from the capital, Washington, DC travelling to the capital Taipei, it has travelled approximately

7862 miles (12649km)

as the crow flies.

圖10-2　食物里程計算結果（美國進口牛肉至臺灣）

三、友善的食材生產

為了降低食材生產對環境所造成的傷害，近年來各國均尋找相關對策，目前則有幾類友善環境的食材生產方式，包括有機農法、生態養殖，以及魚菜共生等方式。

(一)有機農法

根據農委會定義，「有機農業」為：「指基於生態平衡及養分循環原理，不施用化學肥料及化學農藥，不使用基因改造生物及其產品，進行農作、森林、水產、畜牧等農產品生產之農業。」因此，選擇有機食材，不論是來自國外進口或是國內生產，都是對環境友善的一種生活方式，若考慮里程因素，國內生產或養殖的食物里程必然縮短許多。

(二)生態養殖

生態養殖是根據不同養殖生物間的共生互補原理，利用自然界的物質循環系統，在一定的養殖空間與區域內，透過相應的技術與管理措施，促使不同生物在環境共同成長，實現保持生態平衡、提高養殖效益的一種生態養殖方式。

臺灣應用生態養殖最廣泛的是在養殖魚塭的環境規劃，利用早期粗放、低密度的自然養殖方式。以數種魚蝦混養的方式，形成獨立食物鏈生態，降低放養密度，擴大魚蝦的活動空間，營造出貼近自然生態環境的魚塭。

(三)魚菜共生

「魚菜共生」又稱養耕共生，包括水產養殖（aquaculture）和水耕種植（hydroponics）兩個部分，指的是結合水生動物中的排泄物與水中的有機質，分解過濾成植物可吸收的無機鹽後，供應給種植箱上的蔬菜，同時蔬菜的根系把系統內的水淨化供給水生動物使用，結合水產養殖與水耕栽培的互利共生生態系統。

第二節　食材與碳排放量

近年來地球暖化效應主要源自人類的碳排放所造成的氣溫上升。其中造成碳排放量激增的原因之一，卻與畜牧業有關，其中又以牛、羊所產生的碳排量最高，分居第一、二名。根據研究指出，一公斤牛肉的產出會製造平均約60公斤的二氧化碳，但一棵樹卻只能吸收約0.03公斤的二氧化碳量，因此「吃牛肉」這件事，間接被視爲是造成地球暖化的原因之一，也造成牛肉消費在道德上的疑慮。以下將介紹各類食材與碳排放的關係。

一、碳排放食材之分類

根據相關研究顯示，糧食生產占全球溫室氣體總排放的四分之一。因此，人類的飲食型態與內容與環境議題息息相關。根據牛津大學的研究，大部分的植物性食物都屬於低碳食物，碳排放比動物性食物低10至50倍，魚類、家禽及豬肉次之，牛肉則位居第一名。**圖10-3**顯示各項食材或食物（品）所產生的碳排放量。以下將就這些食物的碳排放量進行低、中、高度的分類，讓讀者可以進一步瞭解自己的菜單是屬於高碳還是低碳菜單。

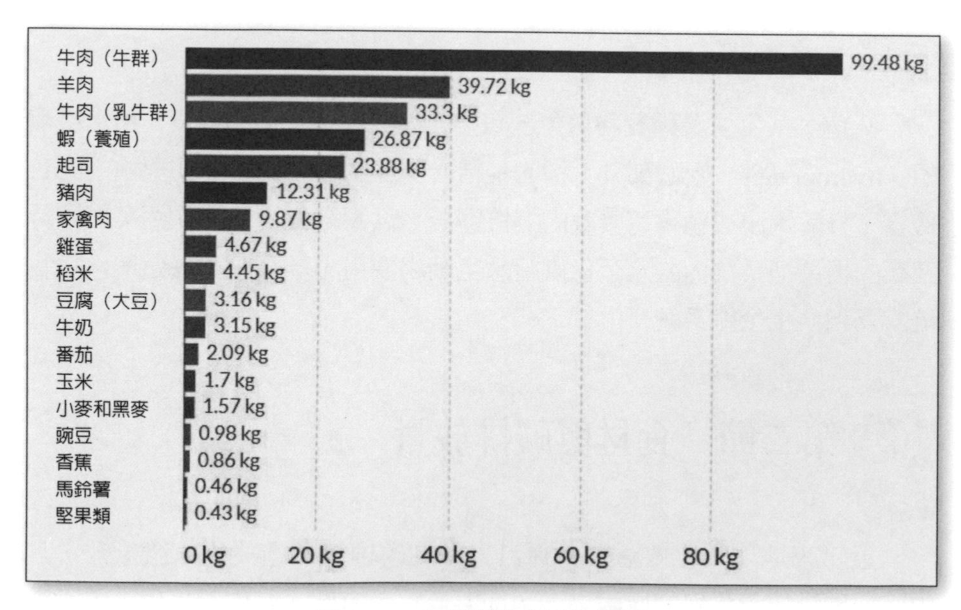

圖10-3　食物碳排放量比較圖

資料來源：https://ourworldindata.org/search?q=food+carbon+emission

(一)低碳排食物：植物性食物

大部分的植物性食物都是低碳排放之選，每公斤的糧食生產排放0.3至4公斤二氧化碳，比動物性食物低10倍至50倍。

然而，並非所有的植物糧食都是低碳，咖啡及巧克力便是屬於排碳量較高的植物。咖啡與巧克力雖然是植物性食物，但咖啡在種植過程中，所使用的肥料會產生俗稱「笑氣」的溫室氣體一氧化二氮（nitrous oxide），其全球暖化潛力（global warming potentials, GWP）是二氧化碳的265倍。巧克力的原材料爲可可豆，在印尼、象牙海岸及巴西等地，就有大面積的熱帶雨林，被開墾成種植可可豆的農地，其「改變土地用途」所產生的碳排放量，僅次於牛肉。咖啡與巧克力分別能產生每公斤17公斤及19公斤的碳排放。

(二)中度碳排放食物：魚、家禽、豬肉

在動物性食物中，魚類的碳排放較低，但養殖魚（farmed）的碳排放較野生魚（wild catch）爲高，前者每生產1公斤就有5公斤碳排放，後者則爲3公斤，主要是因爲養殖魚在「土地改變用途」及「飼料」中有額外碳排放；至於豬肉及家禽類，每公斤碳排放分別是7公斤及6公斤，因爲牠們並非反芻動物，不如牛、羊般產生大量甲烷，所以碳排放較低。

(三)高度碳排放食物：反芻動物的牛、羊

牛跟羊一樣是反芻動物，不過其因「改變土地用途」所產生的碳排放主因，爲肉食生產企業爲了開墾農地來牧養牲口，大幅砍伐森林闢地，將儲存在樹木、植物及泥土中的碳釋放到大氣之中，如去年重創亞馬遜森林的大火，因此碳排放大幅超前其他對手。牛肉與羊肉分別是每公斤的碳排放爲60公斤和24公斤二氧化碳。

羊肉的碳排放偏高，是因爲牠們是反芻動物，即進食後，食物會在

圖10-4　羊隻的飼養之碳排放量僅次於牛隻

圖10-5　飼養牛隻的碳放量最高，每公斤牛肉的碳排放為60公斤

牠們的腸道發酵（enteric fermentation），過程中會產生甲烷，是一種比二氧化碳鎖著更多熱能的溫室氣體。但羊肉在「改變土地用途」所產生的碳排放較牛隻爲低，所以位居第二。

二、澳洲的「土壤碳」計畫與正碳案例

澳洲身爲牛肉出口大國，爲了洗刷「碳排放」的罪名，將「碳中和」（neutral carbon）納入澳洲畜牧場經營的目標之一，沒想到，養牛畜牧卻意外成爲翻轉碳排放的重要契機。

2021年11月1日至12日在蘇格蘭的格拉斯哥（Glassgow）舉行的聯合國氣候峰會，各國達成相關協議，多數國家設定2050年需要達到「碳中和」，以減緩地球暖化速度。但之前，澳洲政府便已推出一系列的減碳方案，其中一項是「土壤碳專案」（soil-carbon project）。

(一)正碳的案例介紹

住在塔斯馬尼亞（簡稱塔州）的Trethewey夫妻在塔州北部Dunolan擁有175公頃的畜牧場，於2019年向澳洲聯邦政府申請「土壤碳專案」的減碳基金，也是第一批申請該基金的農民。Trethewey夫妻不只要求自己的牧場要做到碳中和，更將「正碳」（carbon positive）視爲既定的目標，即飼養牛隻所造成的碳排放量不僅能被去除，尚能清除更多非養牛所產出的碳。

Trethewey夫婦利用再生農業（regenerative farming），除了不使用人造肥料，也利用不同植物的種植建立土壤碳，嘗試改善農場的生態環境。Trethewey提到：「我們將生物多樣性重新引入土壤，牧場已經播種了多達25種不同的植物種子，包括用於固定氮的豆類、深根植物、芸苔屬植物（屬於十字花科植物）、穀物和草。這些植物能從空氣中去除二氧化碳（CO_2），並通過不同深度的植物根部將其隔離，並深埋在土壤中。」

圖10-6　澳洲塔斯馬尼亞島上的牛隻飼養方式尋求「碳正」

Trethewey稱其爲牛的「沙拉碗」（salad bowel）自助餐，即放牧的牛能夠在該區塊吃到多樣的食物。Trethewey夫妻除了能將養牛產生的碳排放量能夠歸零外，尚賺能到碳信用額（carbon credit），成爲養牛意外的另一項收入。

(二)養牛尚能賺到「碳信用」

牛隻的飼養已成爲Trethewey牧場捕獲「碳」的核心。Trethewey針對這部分進行解釋：「這些動物每隔幾天就會被轉移到新鮮的圍場，進行短期的高強度放牧。如果沒有這些牛隻，我們實際上無法達成『正碳』這個目標。我們需要牠們吃掉植物的頂部，即可促進植物的再生長，促進土壤和植物的活絡（turbo-charge），我們需要放牧的反芻動物來進行儲存碳的動作，這就可以對整個『牛肉對地球有害』論點進行翻轉。」

由於Trethewey夫妻將養牛這件事做到正碳（carbon positive）的目標，並預期在未來兩三年內，可從中獲得12,000-15,000澳幣（約臺幣24-30萬元）的碳信用額，讓牧場成爲能夠扭轉氣候變遷的基地，並擁有更高的生產力。農業科學家Matthew Harrison則針對這案例表示：「正碳農業（carbon positive farming）可以提高牧場的永續性，並進一步提高生產力。農民從這項『正碳農業』中獲得更多的收入，包括提高生產率所獲得的收入，以及額外的碳信用收入。」

(三)消費端的「飲食的道德考量」

如何讓飲食行爲不會產生道德上的瑕疵，即稱爲「飲食的道德考量」（eat ethics）或是「飲食的倫理考量」。通常在道德上的考量因素約略包括：動物福利、有機飲食、健康飲食，以及公平交易等。其中「吃牛肉」這件事之所以具有相當的道德爭議，主因是飼養牛隻過程所產生的碳排放之環境議題。

Trethewey夫婦將他們牧場生產出的牛肉稱爲「氣候友善型牛肉」（“climate-friendly” Tas Ag Co beef.），並委託位在塔州首都霍巴特（Hobart）的“Bayside Meat Quality Butcher”肉店販售。這是一家強調販售具「道德肉品」的肉店，該肉店專門出售各種有機、自由放牧、可永續生產的肉品。肉店經營者Emma Wills也發現她的顧客經常會詢問他們購買的肉類對氣候所產生的影響。Emma說：「隨著人們開始瞭解氣候變遷，意味著它將如何改變我們的飲食方式，氣候友善型牛肉和氣候友善型的相關產品在未來將會逐漸受到青睞。」

何謂碳信用額（carbon credit）？

碳交易和碳信用額是一種機制，污染較大的國家可以出錢購買碳排放信用額，而那些污染較小的國家可以出售碳信用額。一個碳信用額等於一噸二氧化碳，在2018年平均每噸為16.21美元。

圖10-7　在塔斯馬尼亞島上的肉店內販賣的「氣候友善型牛肉」

第三節　基因與非基因食材

基因改造食物（genetically modified food; GM food）指的是將某種生物體（細菌、病毒或動物）的基因植入別的物種體內。一切含有基因改造生物成分的產品，都叫作基因改造食物。傳統育種是用雜交或重組的天然方式來進行，基因工程則是採用各種非天然方式的重組核酸操作等技術改變生物體的遺傳物質。

支持基因改造食物的人，認爲它可以帶來很多好處，包括增加農作物產量、創造抗蟲害作物、改造作物的營養素、提高其營養價值。但反對者卻警告，創造大自然不存在的物種，會帶來未知且無法預測的健康及環境危機。

一、常見的八種基因改造食物（製品）

目前上市的基改作物主要是黃豆、玉米、棉花與油菜等四大作物，主要栽種地區在美洲，前五大栽種國家是美國、巴西、阿根廷、加拿大和印度。在動物方面，則有已經在美國、加拿大上市的基改鮭魚。

美國是世界生產基因改造作物的先驅，產量約占全球的三分之二。美國的超市有七成食品含有基因改造成分。常見的基因改造食物及製品如下：

(一)玉米

包括玉米粉、玉米澱粉、玉米油、玉米甜味劑、糖漿等原料食材。因此利用以上這些原料食材所製成的食品也含基因改造成分，烹飪用的食品可能包括：玉米片、冰淇淋、沙拉醬、番茄醬、麵包、餅乾、烘焙粉、人造奶油（植物奶油）、醬油、蘇打水、油炸食品、糖粉、濃縮麵粉和義大利麵。

(二)大豆

包括大豆粉、卵磷脂、大豆蛋白等，因此含有基因改造大豆的製品可能包括：豆腐、素食漢堡、醬油、洋芋片、冰淇淋、冷凍優酪乳、蛋白粉、人造奶油（植物奶油）、大豆起司、麵包、餅乾、巧克力、糖果、油炸食品、濃縮麵粉和義大利麵。

(三)甜菜

多與「糖」有關的食品，可能含有基因改造甜菜的產品：所有只標示「糖」而未註明「蔗糖」（cane sugar）成分的產品，如餅乾、蛋糕、冰淇淋、甜甜圈、烘焙製品、糖果、果汁、優酪乳。

(四)油菜籽

從油菜籽製成的菜籽油，因此含有基因改造油菜籽的產品包括相關加工食品、洋芋片、零食、冷凍食品、罐頭湯、糖果、麵包、混合油。

(五)棉花

棉籽油，利用其製成的食品可能有洋芋片、花生醬、脆片、餅乾等。

(六)苜蓿

餵食苜蓿草的家畜多是以可能含有基因改造苜蓿的產品來餵食，常見如餵養生產的肉類、豬肉、禽肉、蛋和乳製品。

(七)阿斯巴甜（代糖）

會以人造甜味劑製成的產品包括：無糖（代糖）汽水、減肥食品、優酪乳。

(八)乳製品

如果是重組牛生長激素（rBGH），則可能包含所有傳統乳製品，如牛奶、起司、奶油（黃油）、優酪乳、冰淇淋、乳清等。

二、基金改造食物產生的隱憂

有專家提出基因改造食物可能對人類與環境造成程度不等的危害，包括：

(一)過敏反應

基因改造食物中含有人類從未吃過的其他物種的蛋白質，這類蛋白質有可能是食物過敏原，容易造成有過敏疾病的人無法分辨哪些食物會引發過敏。

(二)抗生素抗性

為防治作物生病，多數基因改造植物都帶有抗生素基因。長期下來，這些抗生素基因會降低作物的抗病效果。

(三)超級雜草及超級蟲害

改造植物和動物的基因所帶來的反效果，可能包括新型雜草和蟲害致使作物的產量驟減，可能必須使用更多農藥量來加以控制。

(四)交叉汙染有機和傳統作物

基因改造作物的基因可能經由花粉散播到鄰近的作物上。

(五)基因改造食品的標示疑慮

許多國家均已立法要求食品業者標示有關基因改造的商品，這些要求與民眾期待健康食品的需求，均迫使食品業者必須選擇非基因改造食物，以重拾消費者信心。

三、如何避免購買到基因改造的食物？

如果要避免購買到有基因改造的食物，可以採取如下方法：

圖10-8　食品包裝上有標示其為「非基因改造」

1.選擇有機食品：有機驗證會要求使用非基因改造作物，因此若是購買完全有機的水果、蔬菜和肉類，可以保證不會買到基因改造食物。
2.選擇有「非基因改造」等標示食品。
3.直接到農場購買食材、該農場製成的食品和肉類，也可以就地瞭解農場的食物是否屬於基因改造。
4.可以選擇在自己住家後院或其他空間規劃種植蔬果或飼養雞隻等。

基改看起來優點很多，卻也是爭議最多的科技，現今學界對於基改食物的安全性，尚無法有效評估出其風險。除此之外，基改作物的培育多以抗除草劑為主，因此在種植時反而容易出現過度使用農藥除草、造成農產品農藥殘留的疑慮。

第四節　動物福利

動物福利（animal welfare）指的是非人類的動物福利。動物福利因環境不同而有不一樣的標準制定，但主要由動物福利團體、立法者和學者

進行辯論後確認其一致性。其內容可能涵蓋動物的壽命、疾病處理、免疫抑制、行爲控制、生理學和繁殖過程等，但那些方式對動物才是最適的方法都仍存在著爭議。

最早提出保護動物的國家法律的是英國在1835年制定「虐待動物法」（Cruelty to Animals Act 1835），之後在1911年制定「動物保護法」（Protection of Animals Act 1911）。在美國，直到1966年才出現保護動物的國家法律——「動物福利法案」（Animal Welfare Act of 1966）。

本節將針對作爲人類食物的動物之福利，分成飼養動物（farmed animals）與野生動物（wild animals）兩類進行介紹。

一、飼養動物

飼養動物福利的一個主要議題是要討論這些養殖動物被提供有限的空間進行養殖的過程，是否符合人道以及動物享有該有的自由度。

(一)限制空間

人類爲了有效提高養殖效能，經常將大量動物放在高放養密度下被禁閉飼養。所產生的問題包括其自然行爲的異常，例如雞隻長期在空間狹小的籠子生活，容易產生異常行爲，如咬尾巴、自相殘殺和啄羽毛等，因此人類（飼養者）會進行侵入性處理，如喙修剪、去勢等，有侵害動物權利之疑慮。動物福利在這方面的琢磨即是鼓勵業者採取如自由放養的方式來飼養這些動物，讓動物能夠適當地運動、有著較正常的生活空間。

(二)超量餵食

人類爲生產食物而養殖動物，但有時希望效果極大化，因此也影響動物的福利，例如餵食超量，將肉雞飼養得非常大，以生產每隻動物最多的肉。爲快速生長而培育出的肉雞，其腿部畸形的發生率很高，雞隻也因爲本身無法支撐其增加的體重，結果變得跛行或腿部骨折，體重的增加也容易帶給心臟和肺部更多的壓力。在英國，每年就有多達2,000萬肉雞在到達屠宰場之前死於捕捉和運輸的壓力。

(三)手段

另一個關於養殖動物福利的議題是動物的屠宰方法，尤其是儀式屠宰。雖然殺死動物不一定涉及痛苦，但一般認爲有些規範的儀式會讓動物在被殺的過程中承受痛苦。另外，對過早屠宰也有關注，例如蛋雞業者可能會對雛雞撲殺，由於雄性雞對蛋雞業不會產生利益，因此在孵化後多數立即被屠宰，這也是一種對動物不人道的處理行爲。

二、雞蛋消費的議題

以雞蛋爲例，人類平均幾乎每人每天一顆蛋作爲蛋白質的基本補充，但母雞的福利最常被提出討論。許多先進國家已將雞蛋分類內容視爲是可以辨識動物福利的作法，然而臺灣政府法規卻僅止於「洗選蛋」與否的分類。民間的臺灣主婦聯盟從2014年開始，主婦聯盟合作社全面供應「人道飼養」雞蛋，鼓勵生產者（蛋雞場）增進動物福利的措施，給予雞隻足夠的產蛋空間、休息的棲架、保留雞隻洗砂浴的空間，也不靠斷食來強迫雞隻換羽等，讓母雞自在又安心地產蛋，這些雞蛋又被稱爲「動福蛋」（動物福利蛋），但實際的規範內容需要政府一同來配合推行，才能眞正有效推行。

行政院農委會曾於2015年提出「雞蛋友善生產系統定義及指南」，並於2021年4月修正，指南內提出三種友善雞蛋：放牧（free range）、平飼（barn-laid / cage-free eggs）、豐富籠（enriched cage），其中豐富籠在澳洲與歐盟國家僅被視爲籠飼飼養的2.0改良版。此三類蛋之分類則依照此指南進行以下定義：

表10-2　「雞蛋友善生產系統定義及指南」規範三種蛋雞飼養方式比較

飼養方式	放牧	平飼	豐富籠
空間	戶外活動區面積每平方公尺不得超過6隻雞，雞舍內每平方公尺不得超過10隻雞。	雞舍內每隻雞活動面積應達800平方公分以上，雞舍內每平方公尺10隻雞。	每隻雞活動面積應達750平方公分以上。
棲息	應有長度達15公分以上之棲架，且棲架水平間隔應達30公分以上。	應有長度達15公分以上之棲架，且棲架水平間隔應達30公分以上。	有長度15公分以上之棲架。

資料來源：楊語芸（2021），https://www.newsmarket.com.tw/blog/159918/

圖10-9　臺灣目前因應動物福利議題推出的「動福蛋」

澳洲是相當重視動物福利的國家，消費者對於雞蛋之消費細節更是斤斤計較。在此將以澳洲為例，討論該國生產之雞蛋分類、雞蛋消費，以及與動物福利之關聯。

澳洲政府在2018年訂出「放牧雞蛋」生產的國家標準，規定戶外放養的最大密度為一公頃最多一萬隻雞，即一隻母雞至少有一平方公尺的空間可活動，這類的飼養方式所產出的蛋才可以稱為「放牧雞蛋」，與臺灣的「放牧雞蛋」相較，足足多了將近十倍的活動面積。

根據農委會畜牧處的統計，臺灣每天生產2,300萬顆雞蛋，每年約83

億顆蛋，僅有0.6%爲放牧蛋，4%爲平飼蛋，4.5%爲豐富籠蛋。若不包含豐富籠，臺灣生產的雞蛋能符合動物福利、友善環境的數量不到5%。而澳洲雞蛋協會（Australian Eggs）提供的2021-22年度統計數字，澳洲年產66億顆雞蛋，符合友善環境的數量高達60%。澳洲符合動物福利的「放牧雞蛋」的消費量比例在2018-19年度竄升至47%，首次超越「籠飼蛋」的40%，成爲蛋品市場的主流；2020-2021年的最新數據已來到52%的「放養雞蛋」消費比例，與「籠飼蛋」的36%逐漸拉大差距。

表10-3　臺灣、澳洲、歐盟雞蛋各類產量比較表（2021-22）

雞蛋分類	臺灣	澳洲	歐盟
籠飼蛋（格子籠蛋）（cage egg）	90.9%	40%	無
豐富籠蛋	4.5%	無	43.2%
平飼蛋	4%	10%	36.2%
放牧蛋	0.6%	47%	14%
其他（有機organic等）	無	3%	6.5%

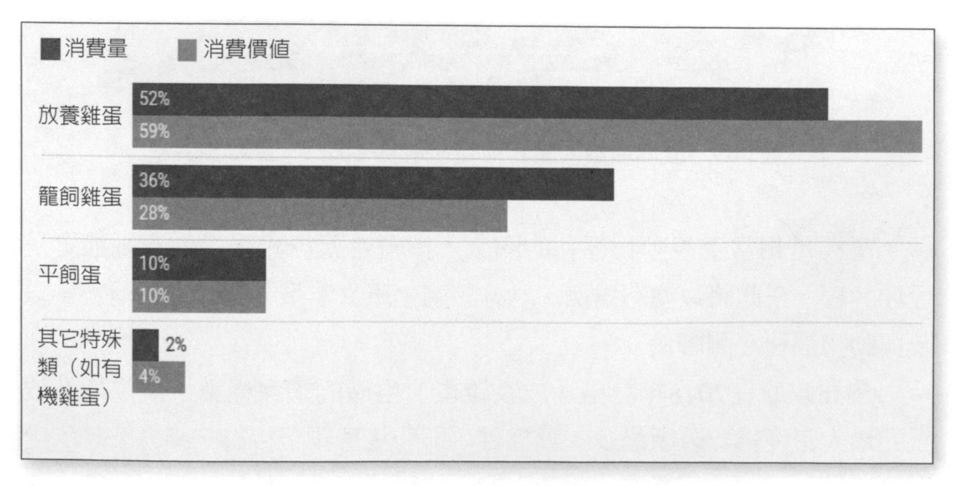

圖10-10　2020-2021澳洲各類雞蛋消費比例圖

資料來源：澳洲蛋類協會。

以下根據「澳洲消費者法」，除介紹蛋盒該有的「必須資訊」外，也將這些分類標準進行說明。雞蛋的種類指的即是飼養方式，主要分成五大類：

1.籠飼蛋：籠飼蛋指的是母雞被安置在有溫度控制的棚子內之籠子所生產出的蛋，被指爲最不符合動物福利的蛋品種類。
2.平飼蛋：指的是母雞被安置在沒有籠子、有溫度控制下的穀倉內，可以自由行動、進食等，其所孵出的雞蛋，則稱爲平飼雞蛋。
3.放牧雞蛋：此指的是雞農每天早上打開棚子的門，讓母雞可以在戶外自由行動和進食，傍晚再把母雞趕回棚內。根據澳洲相關規定，戶外放養的最大密度爲一公頃最多一萬隻雞，即一隻母雞至少有一平方公尺的空間可活動。雞農都必須在蛋盒上顯示他們的放養密度。放養密度的不同也反映在價格上。
4.牧場雞蛋（pasture-raised eggs）：這是將母雞直接放在自由放牧的牧場飼養，強調是更低的放養密度。
5.有機雞蛋：有機雞蛋是母雞在完全不使用任何化學物質的環境下進行飼養。標示上需提供「有機認證」標章供消費者辨識。

蛋盒的正面、側面甚至盒內都可以置放相關資訊，但最重要的資訊則必須明列在蛋盒正面，包括最佳食用期限、蛋的尺寸、飼養方式、戶外飼養密度、生產國別、重量等。**圖10-11**至**圖10-14**是雞蛋盒標示的基本必須資訊外觀。

三、野生動物

野生動物的福利儘管程度低於飼養動物，但野生動物福利研究包含兩個重點：

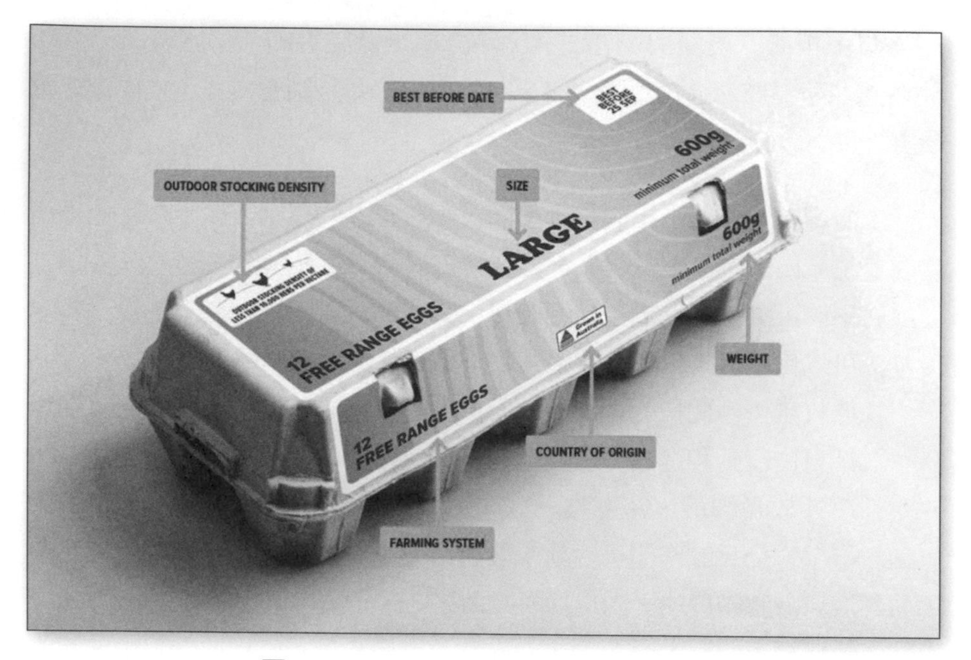

圖10-11　澳洲法律規定蛋盒的標示內容

圖10-12　超市自有品牌的放養雞蛋，符合國家最低標準——一公頃最多一萬隻雞的飼養

圖10-13　此養雞農場的放養密度是一公頃飼養7,500隻雞

圖10-14　此為牧場放牧雞蛋，其放養密度為一公頃飼養750隻母雞

(一)圈養野生動物的福利

此指的是涉及爲人類使用而飼養的動物的情況，例如在動物園或馬戲團中所飼養的動物。

(二)生活在野外動物的福利。

此指生活在野生或城市地區的非馴養動物的福利，如何受到人類或導致野生動物痛苦的自然因素的影響。例如人類因都市規劃的進行或過度開發，必須砍伐樹木，造成野生動物棲息地的破壞，同樣影響到牠們的生存權。

參考文獻

一、中文部分

Dalal Chen（2021），〈「基因改造」到底是什麼？生長快速、產量高，專家告訴你吃下「基因改造」作物的隱憂【吃貨的食安課】〉，https://www.womenshealthmag.com/tw/food-nutrition/diet/g36671431/genetic-modification/，瀏覽日期：2022年2月14日。

MBA智庫百科，生態養殖，https://wiki.mbalib.com/zh-tw/%E7%94%9F%E6%80%81%E5%85%BB%E6%AE%96，瀏覽日期：2022年2月17日。

何撒娜（2021），〈基改食物到底行不行？〉，《料理．臺灣》，第62期，2022年3月號。

高雄市鹽埕區忠孝國小（2013），〈越短越好～食物里程「深耕」「生根」〉，http://library.taiwanschoolnet.org/cyberfair2013/chuhps/index1-1.html，瀏覽日期：2022年2月14日。

張玉欣（2021），〈「臺灣製造」（MIT）還適用在「食品標示」嗎？——從澳洲經驗反思〉，《料理．臺灣》，第55期，2021年1月號。

張玉欣（2022），〈「氣候友善型牛肉」——讓「吃牛肉」不再有道德上的罪惡感〉，《料理．臺灣》，第62期，2022年3月號。

張玉欣主編（2023），《世界飲食文化》（第四版），新北市：華立出版社。

楊語芸（2021），〈友善雞蛋標章有幾種？超市「動福蛋專區」卻放格子籠蛋？認明「五章三詞」有保障〉，https://www.newsmarket.com.tw/blog/159918/，瀏覽日期：2023年3月25日。

綠色和平，〈我們吃的食物和氣候有關？食物碳排放之王是…〉，產品碳足跡資訊網，https://cfp-calculate.tw/cfpc/WebPage/WebSites/docx_detail.aspx?qparentid=8e967898-7ec9-48d8-a4fe-6a456f736ef4，瀏覽日期：2022年2月17日。

維基百科，魚菜共生，https://zh.wikipedia.org/zh-tw/%E9%AD%9A%E8%8F%9

C%E5%85%B1%E7%94%9F，瀏覽日期：2022年2月17日。

臺灣主婦聯盟生活消費合作社（2021），〈先讓雞快樂，才有安心蛋！一起來認識動物福利雞蛋〉，https://www.hucc-coop.tw/article/partner/22152，瀏覽日期：2022年2月27日。

藍庭編譯（2018），〈盤點常見8種基因改造食品〉，https://www.epochtimes.com.tw/n266562/%E7%9B%A4%E9%BB%9E%E5%B8%B8%E8%A6%8B8%E7%A8%AE-%E5%9F%BA%E5%9B%A0%E6%94%B9%E9%80%A0%E9%A3%9F%E5%93%81.html，瀏覽日期：2022年2月11日。

二、外文部分

Flavio Macau (2022), What's causing Australia's egg shortage: Pandemic pressures and short winter days, https://www.abc.net.au/news/2022-08-11/what-s-causing-australia-s-egg-shortage/101320228，瀏覽日期：2023年3月25日。

Our World in Data, https://ourworldindata.org/search?q=food+carbon+emission，瀏覽日期：2022年2月17日。

Wikipedia, https://en.wikipedia.org/wiki/Animal_welfare，瀏覽日期：2022年2月24日。

Chapter 11

食材供需、來源的未來趨勢

- 食物浪費vs.糧食短缺
- 垂直農場
- 保種與人類生存

餐廳沒有足夠的食材，如何開店經營？做爲一個餐飲業經營者，需要對現今全球的糧食議題進行關注，並可能進一步積極透過經營過程的調整，如降低食材浪費等方式，讓糧食問題減緩。

根據研究指出，全球糧食生產在過去半世紀，由於科技的進步與知識的普及而有豐碩的成長。然而全球當前最重大的挑戰，是面對氣候變遷、能源安全、區域飲食習慣的轉變等影響，並養活在廿一世紀中後期約九十多億的人口。全球目前有一半的人口超重或肥胖，但同時有超過十分之一的人口正面對飢餓問題。2021年版的《世界糧食安全和營養狀況》報告顯示，2020年全球有大約十分之一的人口，即8.11億人面臨食物不足的困境。全球糧食安全受經濟危機、氣候變化、戰爭、人口增長等因素影響，導致飢餓人口進一步攀升。肆虐全球近三年的新冠疫情、持續將近兩年的俄烏戰爭，更進一步加劇全球糧食危機。若要滿足此一人口需求量，全球預估還需要增加70%以上的糧食供應量。

本章將依序針對目前全球的糧食過剩與區域性的短缺問題，像是人類透過垂直農場等方式尋找增加糧食的方式、食材保種以避免食材品種被滅絕等內容進行介紹。糧食議題需要全球人類一同承擔解決，也希望透過本章的內容，讓讀者能夠任深入認識當今的全球糧食問題。

第一節　食物浪費vs.糧食短缺

一、食物浪費

「全球農業與食品營養問題委員會」在2018年11月15日發布的最新報告中指出，全球人類每年平均浪費13億噸食物，相當於年食物總量的三分之一。但同時，全球卻有30億人食物缺乏或飲食不均衡。

食物浪費不僅是金錢上的損失，更是對環境產生負面的影響，如食材生產的過程就是一種對環境的破壞。人類爲了擁有更大的面積飼養可食用動物，砍伐的廣闊森林，飼養的動物也助長了碳排放，農民也大量使用堆積如山的化肥和殺蟲劑來破壞生態環境，農場動物犧牲生命成就人類對於肉品食材的需求，生產過程也耗費價值數十億美元的人力。食物浪費是一種惡性循環。該如何減少食物浪費是全球人類該面對並須解決的議題。

澳洲曾經針對「食物浪費」這部分進行了研究，調查發現澳洲的整個食物價值鏈中，有大約三分之二的食物浪費是來自餐廳和零售業，在家庭產生的食物浪費也相當頻繁，從冰箱堆放過期的食物便可看出。

如何努力使人類從事的糧食生產行爲能夠對地球環境更爲友善，「減少扔掉的食物量」便是第一步。這包括還未到店家即壞掉、腐敗的可食用食物、餐廳中沒賣出去或是沒吃完食物，以及我們在家中所丟棄的食物。

以上有關「食物浪費」的相關議題多可透過教育的方式，如協助消費者與餐飲業者採購適當的食材份量、如何有效充分利用食材，以及如何追蹤食材有效期的標籤等。

二、糧食短缺

2021年版的《世界糧食安全和營養狀況》報告指出，2020年全世界有7.2億至8.11億人處於飢餓狀況，這一數字與2019年相比大約增加了1.18億（18%）。全球有9.9%人口處於營養不良狀態，是自2005年來的最高峰。有超過一半的營養不足人口（4.18億）來自亞洲地區；超過三分之一的人口（2.82億）在非洲；6,000萬人口則分布在拉丁美洲和加勒比海地區。其中非洲是飢餓人數增長最快的，營養不足發生率占人口的21%，占比是其他地區的兩倍多。

《世界糧食安全和營養狀況2020》曾進行相關預測，原預估到2030年實現零饑餓目標是無法達成的，加上新冠疫情對健康和社會經濟造成嚴重影響，多數弱勢群體的糧食安全和營養狀況已產生惡化的情形。

(一)糧食短缺的原因

以下將針對導致糧食欠缺的因素進行說明，包括社會、自然與人爲因素。

◆社會因素：貧窮及經濟危機

近年糧食價格不斷上升，對發展中國家的低收入人民造成龐大負擔，富裕國家的人民只需付出小部分的收入便可購買食物，但貧窮國家人民的食物開支卻占收入超過一半，只能購買相對廉價且營養價值較低的食品，甚或經常無法獲得足夠糧食，面對飢餓的威脅，如利比尼亞、津巴布韋等貧窮國家，糧食自給率低，供應又不穩。加上新冠疫情爆發，不少中低收入國家陷入經濟衰退，失業人口大增，嚴重打擊國民的生計。

◆自然因素：氣候變化

氣候變化是全球糧食安全的主要威脅之一。聯合國報告亦指出，在氣候變化的影響下，1981至2010年間全球玉米、小麥和大豆的平均產量分別減少了4.1%、1.8%和4.5%，各國出口量跌幅數以萬噸計，可見全球糧食在生產和供應等環節正遭受嚴峻的挑戰。

此外，全球暖化導致氣溫及降雨異常，提供專吃農作物的蝗蟲更有利的繁殖條件，例如2021年初的蝗蟲災害，導致非洲、中東等地農業損失嚴重，使當地國民陷入嚴峻的生存危機。

◆人為因素：地區衝突及戰爭

全球大部分遭受糧食高度不安全的人口均來自戰亂及衝突頻繁的國家，以近期的2022年3月爆發的俄烏戰爭爲例，影響甚鉅，包括石油價格攀升、小麥價格飆漲（俄羅斯與烏克蘭兩國出口小麥占全球總量的三分之一）等，兩國人民也深受糧食短缺之苦。

根據聯合國資料顯示，世界上有六成人口因戰爭而陷入饑荒，近年阿富汗、敘利亞、伊拉克、葉門等中東地區便因內戰及衝突日益加劇，導致饑荒。

同時，戰爭使民眾流離失所，農民被迫離開家園放棄耕種，削弱糧食生產效能，造成食物短缺，當民眾的基本生存條件無法滿足，便會進一步加深社會對立。

圖11-1 《2020世界食物安全與營養報告》

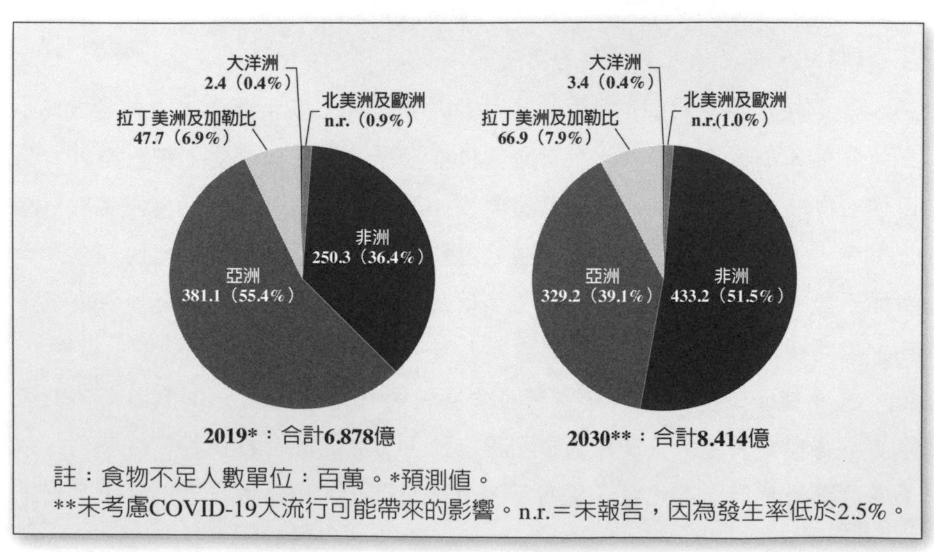

圖11-2 世界飢餓人口的分布情形

資料來源：聯合國糧食及農業組織《世界糧食安全和營養狀況2020》

專欄11-1 烏俄小麥出口量占全球3分之1 戰火延燒糧食供應吃緊價揚

北非的埃及是全球最大小麥進口國之一，2021年埃及的國營跟私營企業，分別從俄國跟烏克蘭進口50%、30%的小麥。如今兩國爆發戰爭，已連帶衝擊2,400公里之外的埃及的小麥供應跟儲量，也影響境內高達6,000萬人口的糧食安全。

烏克蘭南部的黑海地區，土壤肥沃，向來有「世界麵包籃」美譽，主要出產各種麥類到歐洲與世界各地。烏克蘭是全球第五大的小麥出口國，占國際市場10%，加上俄國出口量，兩國供應全球至少3分之1的需求，而兩國也供應全球75%的葵花籽油。如今當地爆發戰火，烏克蘭農民放棄耕作逃離家園，而烏克蘭也因戰事吃緊，這星期宣布包括肉類、各種農作物、糖、鹽及雞蛋都禁止出口，來維持國內供應。

俄國因國際制裁，糧食出口也可能被迫中斷，導致國際小麥價格已飆漲55%。中東黎巴嫩首都貝魯特因為2020年的大爆炸，當地穀倉被炸毀，糧食供應短缺，主要仰賴從烏克蘭進口60%到80%的小麥，如今該國小麥存量僅剩1個月，也必須緊急向他國購買。

除了埃及與黎巴嫩，烏克蘭也是印尼第二大小麥供應國，占該國26%小麥消費量，小麥價格飆漲，帶動麵食價格上漲，也可能迫使更多人陷入貧窮困境。而非洲國家2020年從俄國進口價值40億美元的農產品，當中高達90%是小麥，一旦供應鏈中斷，麵粉價格上漲，很多民眾連賴以維生的麵包可能都買不起。當全世界面臨新冠疫情，以及氣候變遷衝擊，糧食與能源安全早已出現問題，如今烏俄戰火，更讓局勢雪上加霜。

世界糧食計畫署經濟學家阿里夫指出，「這場烏克蘭跟俄國之間的戰爭，不是與世隔絕，糧食跟油價已經上漲，而且是發生在最糟糕的時刻。如果各位看到葉門、黎巴嫩、敘利亞、南蘇丹跟衣索比亞，我可以繼續舉例下去。這些國家已經因為這場戰爭陷入麻煩。」

恆生中國首席經濟學家王丹分析，小麥價格明顯飆漲，也代表世界上最貧窮的國家，在進口小麥上將處於相當不利的位置。

歐洲農民也在擔憂，烏克蘭向歐盟供應近60%玉米及近一半的牲畜飼料穀物，一旦供應短缺導致飼料價格上漲，農民就被迫將成本轉嫁給消費者，肉類、乳製品價格也會跟著上升。

資料來源：靳元慶（2022），公視新聞網，2022-03-11，https://news.pts.org.tw/article/571248

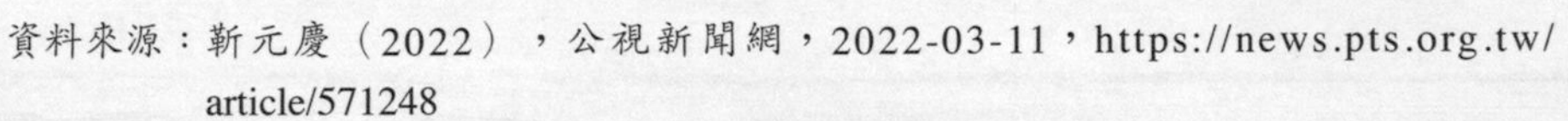

(二)解決糧食短缺問題的方法

為了解決糧食問題，人類也採取下列可能的幾種方法：

◆減少戰爭及地區衝突

世界糧食計畫署便通過與國家政府機構及其他人道主義援助組織合作，為遭遇包括緊急戰爭狀況的88個國家共9,700萬名處於糧食極度不安全的人民提供糧食援助，並致力促進衝突地區的和平，以解決因戰爭引致飢餓的惡性循環。

◆降低糧食價格

現在世界上有超過30億人無力負擔健康膳食的價格，各國政府除了要致力消除貧窮、提高國民的購買力外，同時應減少食物在生產、儲存、運輸等過程中造成的不必要浪費，從而降低成本。

另外，支持國內小規模生產及銷售更多營養食物，透過教育及宣傳提高農戶的生產力，增加本地糧食自給率，減少依賴進口，這對穩定糧食價格有一定的作用。

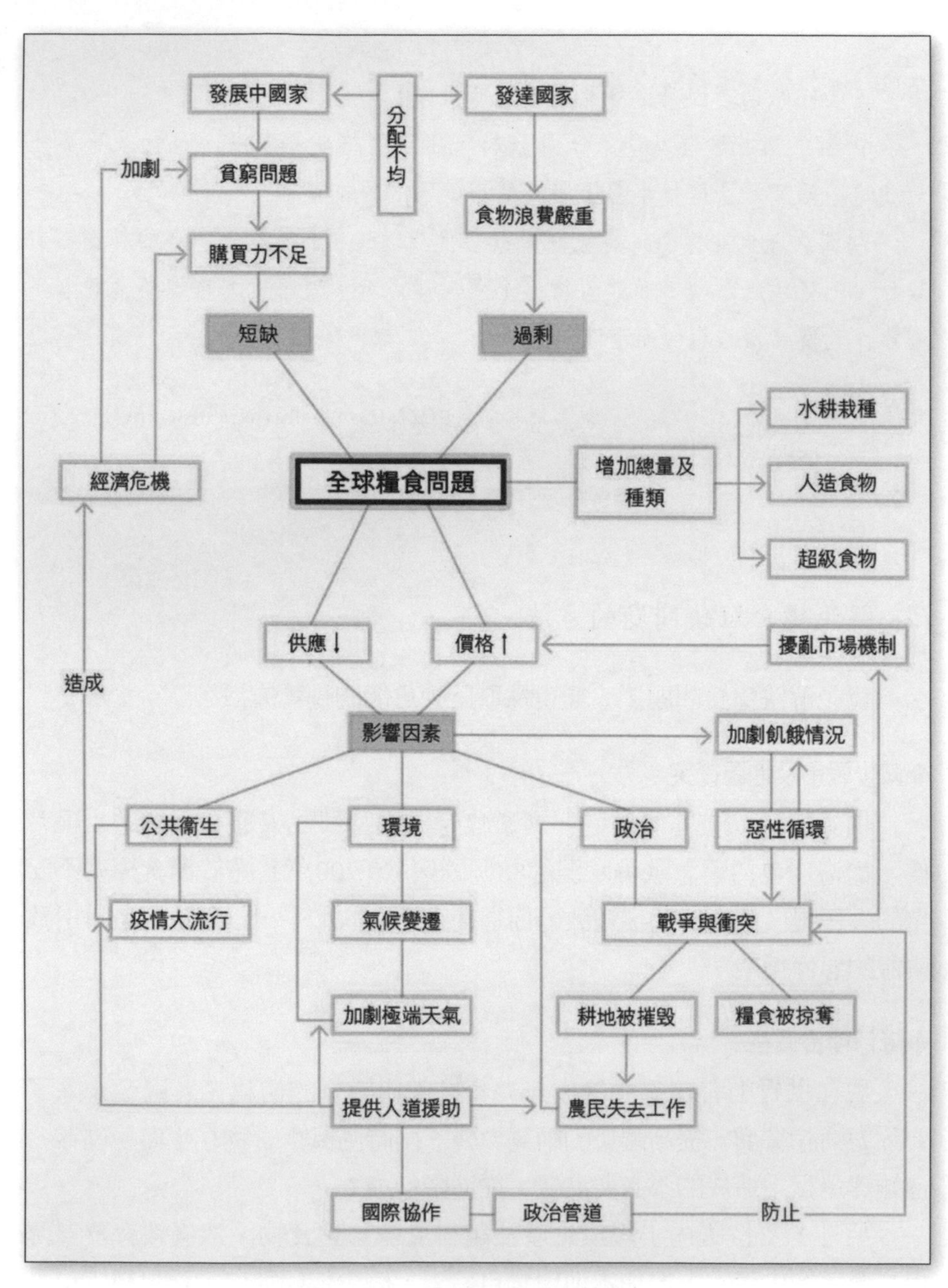

圖11-3　全球糧食問題之關聯表

資料來源：星島教育網（2020），〈短缺vs過剩 尋找全球糧食〉，《星島日報》。

◆利用科技增加糧食

可利用創新科技如AI人工智慧和物聯網（Internet of Things，簡稱IoT）以減少食物浪費，同時利用永續方式生產更多富營養的食品，例如「植物蛋白人造肉」及近年新興的實驗室「培植肉」，以補充人體蛋白攝取量；亦有人構想出產一種「超級食物」，容易讓人類獲得飽足感，免除飢餓。科技確實能爲人類提供更多糧食供應的可能性。

三、臺灣之糧食供應現況

臺灣在2015年進行糧食自給率的統計分析，僅有蔬菜類、果品類、蛋類與水產類的自給率超過80%，最低的自給率爲「子仁油籽類」僅有6.9%，其餘皆仰賴進口，糖與蜂蜜、薯類、乳品類等也以進口爲大宗。但是當全球糧食缺乏時，臺灣該如何因應？2023年初，由於禽流感、飼料上漲，臺灣發生雞蛋供應不足之嚴重問題，消費者排隊不是爲了施打新冠

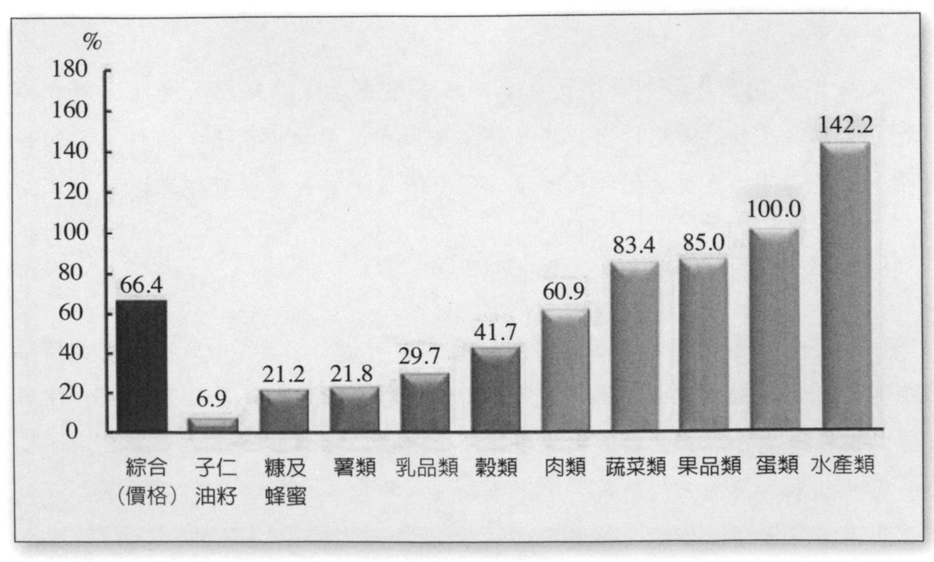

圖11-4　2015年臺灣糧食各類自給率之統計

資料來源：余騰耀、盧虎生主編（2017），《臺灣糧食自給率之影響及因應》。

病毒的疫苗，而是排隊買雞蛋，餐飲業者有多少受到經營上的影響？雖然農委會緊急跟日本、美國、澳洲調度進口雞蛋，但戲碼是否會重演？除了調高雞農的販售蛋價外，政府還能有任何因應措施？

爲了糧食能夠穩定地供應無虞，政府必須提出長期規劃以因應未來可能因戰爭、自然災害等產生的糧食短缺問題。

專欄11-2 雞蛋：全球鬧「蛋荒」，臺灣爆罵戰，供應體制遭全方位審視

據官方統計，臺灣每人每年要吃355顆蛋，每日雞蛋需求量為12萬箱（每箱200顆），但去年底至今產蛋母雞減少400萬隻，目前雞蛋每日產量降至11.2萬箱，每日雞蛋缺口約在50萬至80萬顆。

國產雞蛋有一半銷售到市場、雜貨店、餐飲和烘焙業等「業務通路」，只有兩成多銷往超市和賣場等「零售通路」，蛋商往往優先供應給前者，因此消費者更難買到雞蛋，當中又以產量最少、需求量最大的北部地區最為嚴重。

餐飲業首當其衝，南投日月潭知名茶葉蛋店限購兩顆，臺北遼寧夜市老字號攤位「勝利號蚵仔煎」宣布停售蛋煎、滷蛋及蛋花湯，蚵仔煎恐無蛋可加，臺南「名東現烤蛋糕」因雞蛋供應不足，當天蛋糕賣完即提早打烊。

為何不大批進口雞蛋？

農委會啓動「短期專案進口」計畫，預計進口澳洲500萬顆雞蛋和種雞30萬隻，首批36萬顆澳洲雞蛋已在2月28日空運抵臺。農委會主委陳吉仲解釋，根據衛生福利部食品藥物管理署的禽流感防疫規範，目前臺灣只能進口美國、日本、澳洲三國的雞蛋，而像越南、中國、印尼等地因蛋雞產育過程有使用疫苗，因此不納入考慮。

為何今年特別缺蛋？

臺灣並非特例，全球多國也鬧蛋荒，英國雞蛋產量創9年新低，美國雞蛋在過去一年漲價六成，是50年來的最大漲幅，日本雞蛋批發價也較去年同期飆升1.86倍，價格同時創下1993年有紀錄以來新高。

這是因為2022年全球多國爆發禽流感，迫使雞農大規模撲殺雞隻。美國、歐洲、日本等因禽流感分別撲殺包括雞隻在內的5800萬、5,000、1249萬隻。

另外，俄烏戰爭也導致國際原物料上漲，雞飼料價格攀升，農民生產成本提高。

為何產蛋效率不佳？

據統計，臺灣雞蛋年產量超過80億顆，當中85%母雞仍是以傳統的開放式「格子籠」（battery cage）飼養，即一張A4紙大小的籠子內關了2到4隻雞，牠們吃喝拉撒都在籠內解決，多數雞隻畢生不曾踏上地面，更無法張開翅膀，如此密集的環境容易傳播病毒，禽流感肆虐期間更是不堪一擊。

相較之下，瑞士、法國、紐西蘭等西方國家已陸續淘汰格子籠，臺灣動物保護團體也呼籲跟上國際潮流，要求官方制定產業轉型政策，但農委會被動，從未給具體承諾。

雞隻產蛋的最佳溫度為攝氏14至至25度，開放式蛋雞場一遇到溫差變化大，產蛋率就下降。對比美國、日本產蛋率高達八至九成，臺灣只有六至七成，在國際上實屬偏低。

農委會畜牧處長張經緯歸咎於雞農老齡化，轉型意願不高，禽舍老舊導致蛋雞生產率差。政府近日投入10.5億臺幣，在未來3年協助登記5萬隻以下規模的傳統開放式禽舍，改建為非開放式、密閉水簾禽舍，並導入智慧省工設備，雞糞處理資源化等。

應否淘汰包銷制？

臺灣雞蛋約八成走包銷制，不管蛋農產出的雞蛋大小、品質，都會由固定合作的蛋商以重量計價全收，再由「中華民國養雞協會臺灣蛋雞事業產銷督導委員會」定價。

委員會原則上由養雞協會、蛋商公會和政府三方組成，但蛋農最多只占四成，長期處於弱勢，蛋價長期掌握在大型蛋商手中，蛋農除了被蛋商要求補貼運費，拿到價格也低於公告價。臺灣媒體《報導者》引述臺灣大學經濟學系榮譽教授吳聰敏指，包銷制本意是保護農民，卻可能傷害到市場機制。

他解釋，當雞蛋過剩時，讓沒有競爭力的蛋農存活下來，因此缺乏改善生產設備的誘因，令臺灣雞蛋產業停留在落後的生產模式；當雞蛋產量不足時，僵固的定價機制和被政府干預凍漲的價格，無法反映市場行情，農民缺乏增產誘因而令缺蛋惡化。

有資深養雞產業者表示，政府與其給予補助，不如改善產銷、阻止大型蛋商壓價，蛋農看到有錢可賺，自然會去改進飼養環境，長遠會讓產量更穩定。

《上下游新聞》農業新聞網站在去年初已指出，臺灣雞蛋產業難以進步原因是整體蛋價過低，自2008年到2021年臺灣消費者物價指數（CPI）增長11%，但雞蛋價格十多年來只有微升幅，產地價從每公斤43.89到46.22元，零售價從56.32元到56.97元。

這是因為臺灣政府為平抑物價，過去都會下令「凍漲」雞蛋價格，有蛋農直言雞蛋產地價根本無法反映成本。雞蛋價格應回歸市場機制，減少人為干涉，才能維持產業體質健康。

資料來源：李澄欣（2023），〈北部鬧「蛋荒」：中央部會動起來穩定供給，抓蛋商不當囤積哄抬〉，BBC，2023年3月8日。

第二節　垂直農場

聯合國估算，全球人口到2050年將達98億，未來三十年，必須大幅增加食物產量才可應付。屆時，三分之二人口將會住在城市，如何把大量糧食迅速運送到城市人的餐桌上是另一項挑戰，而「垂直農場」可能是解方之一。

垂直農業或垂直農場（vertical farming）指的是該農業或農場採用高建築的層次結構或坡面從事農業活動，而非一般在平坦的田地或溫室裏種植蔬菜。其特點是它不像傳統農業那樣需要大片土地，因此可以在城市生產食物。在垂直農業中，自然光和人造光相互結合進行蔬菜種植，用水也只需要傳統農業的十分之一。以下將介紹垂直農業的優點和缺點。

一、垂直農場的優點

垂直農場有幾項優點，包括節省成本、價格具競爭性、適合氣候環境差的地區等，以下將詳述各個優點：

(一)節省運輸成本

根據Bain&Co.的調查顯示，農業大國美國所生產的菜葉植物大多種於加州、亞利桑那州等西部地區，平均需要經過3,200公里運輸才能到達東部的超市，部分農產品更需兩星期才送到，途中可能流失高達45%營養價值。現時傳統方式耕作的農作物，最終價格有30%至45%是源於貨車和倉庫的費用。而垂直農場可以選擇城市的某一處興建多樓層的建築物，省去生產後食材的運輸，直接供應城市的市場所需。

以日本爲例，全球最大自動化垂直農場位在京阪奈科技城，由日本農業公司Spread興建。這家Techno Farm已經可以開始出貨，每日可出產

30,000棵生菜。相比傳統室外農場每平方米年產5棵生菜，Techno Farm的產量更可達每平方米648棵。生產過程中蔬菜散發的水蒸氣會液化重用，種植每棵生菜只需110毫升水，是室外農場的1%，重新設計的LED燈也比現時使用的節省30%能量。

圖11-5　Spread在龜岡的農場垂直農場耕作空間密集，提高生產效率

資料來源：Spread官網

圖11-6　Spread的生菜無需使用殺蟲劑，比日本一般生菜貴兩至三成

資料來源：Spread官網

Spread公司也與電信公司NTT西日本合作，研究以人工智能及物聯網進一步增加產量，並計劃將這套系統輸出至100個海外城市。

(二)價格具競爭性

由於種植有機蔬菜需要農夫在現場的勞動工作，也反映在有機蔬菜的高價格。但現今消費者多能接受垂直農場所生產的無農藥蔬菜，是安全蔬菜，也成爲有機蔬菜的替代品。以Techno Farm爲例，預估可以在五年內達到與一般生菜競爭的價格。

當大部分垂直農場都在一個個像貨櫃般的層架上種菜，美國初創公司Plenty則另出奇招，將一條條20呎高的長管相隔4吋矗立平排，讓蔬菜在管上橫向生長，密密麻麻形成一幅幅蔬菜牆。營養和水分會從長管的頂部灌注，靠地心吸力自然向下流，讓多餘的水可以回收再利用。因爲沒有使用層架，LED燈多餘的熱力能自然升到天花板風口。「我們順應而非對抗物理，節省不少金錢。」Plenty創辦人Matt Barnard說Plenty與一般農場相比，他們只需要用1%的水，產量卻可達350倍。

圖11-7 Plenty的垂直農場內，密密麻麻種植的蔬菜形成一幅蔬菜牆

資料來源：Plenty Blog

(三)適合氣候環境差的地區

傳統農業產量容易受到外在氣候所影響，農產品價格也就隨之波動。近幾年來，極端氣候更形明顯與密集，使得垂直農場更顯重要。自1990年代起極力推廣垂直農場的美國哥倫比亞大學公共及環境健康系教授Dickson Despommier提到：「極端氣候影響各地的糧食生產。若不再關注相關議題，如減碳、達到碳中和等目標，垂直農場可能是人類取得糧食的最後希望。」

一些耕作條件不佳的國家更是垂直農場推廣的先行之地，如中東富國的杜拜。由於杜拜缺乏水源和可耕作土地，高達85%食物依賴進口，美國的Plenty看準該需求市場，在當地興建第一個海外農場，計劃供應蔬菜予阿布達比和杜拜的社區。阿聯酋航空的機上餐飲公司（Emirates Flight Catering）亦與美國加州垂直農場營運商Crop One集團合資4,000萬美元，計劃在杜拜動工興建占地13萬平方公尺的垂直農場，並已於2019年12月供應蔬菜到其航班及機場貴賓室。

二、垂直農場的缺點

但垂直農場也有若干缺點需要進一步尋求解決，內容如下所列：

(一)耗費大量電力

垂直農場目前遇到最大的問題在於「電力」，是否有效運用能源，是垂直農場揮之不去的老問題。美國密西根州立大學（MSU）研究永續農業的Michael Hamm教授質疑，節省的運輸成本可能也無法完全貼補所消耗的電力。根據日本設施園藝協會（JGHA）的資料，自日本在1970年代已經開始運作小型的垂直農場，但直至2010年，垂直農場行業因爲採用省電的LED燈，加上政府支持和補助才有辦法快速發展。JGHA協會統計，現在日本有六成垂直農場業者都因爲電力成本問題而無法獲利，能獲利的部分都是依靠政府補助，並以「不使用化學藥劑」爲由調高售價，把成本轉嫁到消費者。

早期投身垂直農場的業者，如美國的PodPonics和FarmedHere、加拿大的Local Garden、日本的Mirai等，近年也因控制成本不當相繼結束經營。面對此一困境，部分業者選擇使用「再生能源」作回應。例如Crop One和瑞典的Plantagon使用太陽能爲垂直農場供電，同時改良LED燈效能，以減少碳足跡。

(二)生產品項受限

垂直農場能夠生產那些項目呢？根據Agrilyst農場資料分析公司的報告，垂直農場最常種植的五種品項分別爲葉菜類植物、番茄、花、菜苗和香草等，作爲主要糧食作物的小麥、稻米、玉米、大豆等主食都無法在垂直農場內種植。美國康奈爾大學（Cornell University）植物科學Neil Mattson助理教授在分析垂直農場的可行性後表示，他與同事Lou Albright曾計算，若要在室內種小麥並製成麵包，光是電力成本，每塊麵包就要11美元，完全不符合成本。

垂直農場的局限在於它基本上僅適合種植綠葉類蔬菜，其他如紅蘿蔔、西瓜等根莖類蔬菜和結在樹上的水果均無法大規模種植，其主要關鍵在於成本。雖然種植的層架、光管、灌溉裝置都已經具備，但是否能讓農作物成本由每磅40美元降至1美元才是實際考量。

雖然垂直農場可以在蔬菜葉類的食材有所貢獻，但仍有所不足。因此各國在居安思危的前提下，開始思考各國擁有的原生與在地食材，開始採取有效策略保證這些食材不被滅絕，最積極的作爲便是保種，下一節將討論「保種」與臺灣正在推行的保種策略等相關議題。

第三節　保種與人類生存

一、保種目的

食物欠缺和食物保種的相互關係緊密。當因氣候變遷、戰爭等人爲因素造成全球糧食缺乏，甚至滅種，人類也將面臨另一項生存危機。因此，「保種」指的是將人類必須的基本糧食作物之種子進行復育或儲存，尤其因自然與人爲環境造成即將滅絕的原生種子。保種的目的是爲了避免作物因爲種種的環境因素而滅絕，也確保在未來的糧食短缺之際，可以加以利用，維持人類生存。

二、全球的保種行動

聯合國預測，到2050年，全球人口將從2020年的78億增加到97億。而因爲氣候變遷產生的異常天氣，會導致植物生長季節和環境出現變化，影響當今農作物的茁壯成長甚至生存能力。聯合國糧食及農業組織（Food and Agriculture Organization of the UN; FAO）近年來積極推動植物基因多樣性（plant genetic diversity）的保存。由於作物多樣性是人類糧食生產的基礎，對人類具有重要意義。它使我們的糧食作物能夠適應即將到來的氣候和人口變化。

「種子」是科學家和植物育種者可能需要的原料，以提高農民種植的農業品種的產量、復原能力（resilience）或抗病性。種子基因庫便是抵抗農業面臨的外部問題的第一道防線。而位在丹麥的「冷岸群島全球種子庫」（Svalbard Global Seed Vault），便是世界上最大的種子庫。

丹麥在2008年2月成立冷岸群島全球種子庫，地點便是在丹麥的冷

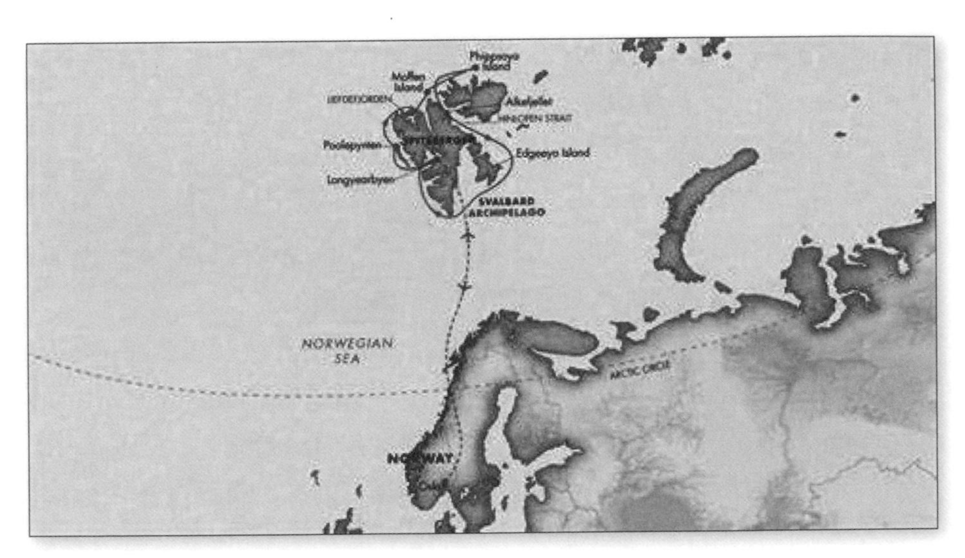

圖11-8　冷岸群島地理位置

圖片來源：https://www.zegrahm.com/

圖11-9　義大利國際慢食也在推動「植物多樣性」的保存

岸群島（挪威語：Svalbard），是位於北極地區的群島，亦是挪威最北界的國土範圍。這些原始種子則被收藏在島內的索爾森地區（Sothern regions）。儘管冷岸群島受到全球暖化的影響，但它仍是世界上最冷的地方之一。種子被放置在冰凍山內的密室（chambers）中，溫度則保持在攝氏零下18度的恆溫環境。即使沒有以人工方式進行溫度控制，種子庫周圍山區的永凍土也能保證種子長時間保持在低溫的環境。

冷岸群島這個種子庫的成立根據國際法中的《糧食和農業植物遺傳資源國際條約》（International Treaty for Plant Genetic Resources for Food and Agriculture），主要用於保護對糧食和農業具有價值的種子，對研究、植物育種和教育具有重要意義。保存的種質（具有獨特基因型的種子樣本）已被複製並保存在合適的基因庫中，以使種子庫成爲第二個安全備份。

自種子庫於2008年啓用以來，冷岸群島的種子庫已儲存來自了76個國家98個機構的種子，總數將近120多萬份農業和糧食植物種子樣本。在地震和洪水等自然災害、戰爭和動亂等人爲災難頻傳的今日，這項大規模種子的保存是未來糧食安全的最後一道重要防線，也是現在人類可以流傳給現在年輕和後代的遺產和任務。

三、臺灣保種現況

臺灣現在有許多非官方或透過官方的協助進行保種的工作，其中的作物與可食性動物多以原生物種爲主。內容闡述如下：

(一)野菜保種

花蓮的原住民以阿美族爲主，尚有太魯閣族，擁有相當知名的野菜文化。爲了傳承與延續此特色食文化，政府單位與此領域的有心人士成立了所謂的野菜學校，有效協助推廣、學習野菜知識。目前花蓮當地有兩所野菜學校，由行政院原民會指導以及由森林學校退休校長分別成立的「花蓮縣原住民族野菜學校」和「奇萊野菜學校」。前者著重於保種教育及文化傳承，並透過體驗課程來傳遞野菜文化，達到傳承的目的，也讓更多人知道野菜的價值。後者創立的目的是希望學習擁抱臺灣自己的土地，重新撿拾臺灣田野間的野菜文化，復興傳統農法，重新恢復被化肥、農藥摧殘蹂躪的土地。

圖11-10　花蓮原住民野菜學校活動照片

照片提供：吳雪月。

圖11-11　花蓮原住民野菜學校內部展示(一)

照片提供：吳雪月。

圖11-12　花蓮原住民野菜學校內部展示(二)

照片提供：吳雪月。

以下爲奇萊野菜學校的三大主軸、十大內涵之野菜保種工作內容：

◆野菜知識文化

1.種子保育：採種、育種、育苗、復育、栽種……

2.野菜產銷：品類開發、生態保育、生產選種、經濟生產……

3.野菜應用：野菜料理、野菜餐廳、野菜加工、野菜保存……

◆生物動力農法

1.微生物製作與應用：酵素、益生菌之製作與農業運用。

2.昆蟲之培植與應用：蚯蚓、蜂虻隻繁殖與導入助農系統。

3.土壤之改良與活化：土壤之分析、量測、診斷之改造活化。

◆體驗教育課程

1.野菜知識文化架構：野菜分類、辨識、生態知識架構。

2.生物動力農法課程架構：生物資源在農耕之運作。

3.體驗課程之研究開發：體驗課程論述與實作規劃。

4.體驗教學之設計與實施：教學設計與體驗活動之引導帶領。

(二)臺灣土雞保種

臺灣的特色土雞品種，雖然肉質風味佳，卻長得慢、體型小，飼養時間長達六個月，逐漸因為效率太差，被養雞農民捨棄。為臺灣土雞保種努力不懈的中興大學動物系李淵百教授，為了加速保種的速度，帶著學生深入南投山區、花東、竹苗、金門等地收集種原，在校內成立保種中心，至今，中興大學仍保存了17種地方特色土雞品種。

除了育種之外，李淵百教授認為，過去可能不見得瞭解這些雞種有什麼樣的特性，但至少先保留下來，往後若能持續研究，或許還會有很多的可能性。不過，家禽的保種，不像哺乳類動物，精卵可以冷凍保存，必須要採用活體保存的方式，也就是要一直飼養一定數量的雞群。保種和育種卻不是短時間內能夠看見成果的工作，更需要產官學界的互相合作。

(三)臺灣黑豬保種

根據日治時期的臺灣總督府調查，當時本土黑豬主要有三種，分別是臺北雙溪一帶的「頂雙溪豬」、桃園一帶的「桃園豬」以及美濃一帶的「美濃豬」。現今屏東的本土黑豬便是來自上述三種，但因為長期在屏東客家地區隔離飼養，逐漸有了自己獨特的遺傳特徵。

目前臺灣養殖的黑豬可略分為外來種黑豬與本土黑豬兩種。外來種黑豬主要包括盤克夏豬、英國大黑豬及由日本引進的中國梅山豬等，這些豬的成種過程都在歐洲與中國，並非在臺灣。朱有田說，臺灣本土黑豬因耐粗食，在早期的農業時代多吃番薯葉、香蕉莖及廚餘等，生長慢，至少要養一年以上才能達到上市的120公斤。

「但爲何本土黑豬需要被保存下來？」臺大動物科學技術學系教授朱有田表示，聯合國糧食與農業組織（FAO）等國際組織已多次公開呼籲，本土經濟動物的種原快速消失，遺傳獨特性需要被保存。也因此，各國也極力保存獨特種原，阻止外溢。

以臺灣爲例，已擁有「平埔黑豬」品牌的李榮春，便是歷經十餘年的嘗試與培育，一步步地將臺灣黑豬的基因序建立回來。李榮春將「臺灣黑豬」命名爲「平埔黑豬」，進行育種與繁殖。李榮春表示，黑豬是臺灣原生種，具有許多先天優點，待復育成功後可全面使用飼料餵養，讓豬隻品質與衛生環境更加提升。也期待透過保種、育種、推廣的結果，能在國際上打響我們臺灣自己的品牌。

(四)臺灣小米復育

如第二章所述，臺灣原住民主食則多以粟（俗稱小米）、小麥、旱稻、甘藷及山芋等作物爲主，小米不僅是原住民的主食，更是部落祭儀主要的祭品，如除草祭、播種祭以及收穫祭等。排灣族推算歲時節氣更是以小米爲軸心，小米播種期大約是國曆的12～1月；疏苗是2～3月；收成是5～6月，7～8月是討論豐年祭的時候。小米與原住民的生活密不可分。

由於臺灣的種植小米面積已大幅縮減，已有約200多種小米品種消失，有些部落釀的小米酒、豐年祭，甚至以進口小米取代，小米的復耕與保種成爲臺灣原民文化復育的重要課題之一。

慈心基金會在2019年承接「建構花東六級化產業鏈計畫」，當中看到小米沒落的困境與復耕的挑戰。基金會執行長蘇慕容說：「小米多樣性的流失，也是部落文化的流失。」基金會也與臺東農改場合作進行小米的復育，有些許的成果。

另外，太麻里鄉拉勞蘭部落的「小米工坊」在部落領袖戴明雄牧師的倡議下，也自2005年著手進行小米田復育工作。已自原三公頃擴大至近十公頃，不僅實施友善農法，亦遵循祖先的智慧，以休耕、輪耕的方式讓土地休養生息。排灣族的青年林建中十多年前回鄉復耕小米，結合二代回鄉青農所種紅藜、樹豆，以品牌「後山寶食」在市集與網路通路販賣，擴大小米行銷的管道。

尚有一位金峰鄉嘉蘭部落的魯凱族阿嬤——魯灣，她目前保有16種不同小米品種，其中不乏已經失傳的品種，根據小米的系譜、家族，負起命名的責任。後來許多有志青年也都追隨這位阿嬤的腳步復耕小米，進行保種。而保種的這項目的也確保小米文化能夠代代傳承下去。

圖11-13　臺東小米的復育與保種

照片提供：童靜瑩。

參考文獻

一、中文部分

〈北部鬧「蛋荒」：中央部會動起來穩定供給，抓蛋商不當囤積哄抬〉，中央社，2022年1月31日，https://www.thenewslens.com/article/162316，瀏覽日期：2022年3月28日。

〈深入鄉野．尋小米去 小米復耕的挑戰〉，《臺灣光華雜誌》，2021年8月26日，https://nspp.mofa.gov.tw/nspp/news.php?post=206627&unit=406&unitname=，瀏覽日期：2023年4月13日。

中央社，〈搶救臺灣本土黑豬！產學盼政府保種〉，https://news.tvbs.com.tw/life/1076616，瀏覽日期：2023年1月5日。

孔祥威（2018），〈新技術助降低成本 垂直農場有望普及〉，《香港01》，第137期。

余騰耀、盧虎生主編（2017），《臺灣糧食自給率之影響及因應》，臺北市：財團法人中技社。

李宜映，葉元純（2011），〈全球農業重要百大問題與對我國農業之啓示〉，https://www.coa.gov.tw/ws.php?id=23282，瀏覽日期：2022年3月26日。

李澄欣（2023），〈雞蛋：全球鬧「蛋荒」，臺灣爆罵戰，供應體制遭全方位審視〉，https://www.bbc.com/zhongwen/trad/chinese-news-64873353，瀏覽日期：2023年3月27日瀏覽。

花蓮縣原住民族野菜學校網站，https://www.slowfoodindigenous-taiwan.com/?fbclid=IwAR1fY0KNL0ce4pmgV3UyZPBDFKEZCPRKtuunew-nOCGYltLghg7zyya8C9U，瀏覽日期：2022年3月27日。

星島教育網（2020），〈短缺vs過剩 尋找全球糧食〉，《星島日報》，https://stedu.stheadline.com/sec/article/24433，瀏覽日期：2022年3月26日。

郭忠豪（2022），〈尋找臺灣DNA：臺灣平埔黑豬〉，《料理．臺灣》，第62期。

野菜學校網站，https://wildvegetableschool.org/，瀏覽日期：2022年3月27日。
陳寧（2018），〈土雞保種的30年漫漫長路，創造臺灣的基因寶庫〉，農傳媒，https://www.agriharvest.tw/archives/15500，瀏覽日期：2022年3月26日。
董鑫（2021），〈《世界糧食安全和營養狀況》報告：2020年全球十分之一人口面臨飢餓〉，2021年7月13日，https://www.nanmuxuan.com/zh-tw/complex/hshzcqvytpb.html，瀏覽日期：2022年3月26日。
靳元慶編譯（2022），〈烏俄小麥出口量占全球3分之1 戰火延燒糧食供應吃緊價揚〉，公視新聞網，2022年3月11日，https://news.pts.org.tw/article/571248，瀏覽日期：2022年3月29日。
維基百科，冷岸群島，https://zh.wikipedia.org/wiki/%E6%96%AF%E7%93%A6%E5%B0%94%E5%B7%B4，瀏覽日期：2023年4月10日。
臺東達仁（2023），〈臺東農改場研發移植機 栽種小米省力省時〉，https://www.ipcf.org.tw/zh-TW/News/Detail?newsId=23040212131405085，瀏覽日期：2023年4月13日。
聯合國糧食及農業組織，〈2022年世界糧食安全和營養狀況〉，https://www.fao.org/publications/sofi/2020/zh/，瀏覽日期：2022年3月26日。

二、外文部分

Conservation Agriculture, Food and Agriculture organization of the United Nations, https://www.fao.org/conservation-agriculture/overview/what-is-conservation-agriculture/en/，瀏覽日期：2022年3月29日。
Sustainable Agriculture: Definitions and Terms, 2007, https://www.nal.usda.gov/legacy/afsic/sustainable-agriculture-definitions-and-terms#toc1，瀏覽日期：2022年3月29日。
Svalbard Global Seed Vault (2023)，https://www.seedvault.no/our-contribution/our-purpose/，瀏覽日期：2023年4月7日。
WWF-Australia網站，https://www.wwf.org.au/what-we-do/food#gs.un128i，瀏覽日期：2022年3月27日瀏覽。
〈垂直農業とは・意味〉，https://ide asforgood.jp/glossary/vertical-farming/，瀏覽日期：2022年3月4日。

國家圖書館出版品預行編目（CIP）資料

食材認識與選購：原生.綠色.永續 = Food ingredients : concept and purchase - native, green, and sustainability / 張玉欣主編，張玉欣, 姚瓊珠, 黃來發編著. -- 初版. -- 新北市：揚智文化事業股份有限公司, 2023.07
面； 公分

ISBN 978-986-298-419-2（平裝）

1.CST: 食物 2.CST: 食品衛生管理 3.CST: 永續農業

427 112009650

食材認識與選購——原生・綠色・永續

主　　編／張玉欣
編 著 者／張玉欣、姚瓊珠、黃來發
出 版 者／揚智文化事業股份有限公司
發 行 人／葉忠賢
總 編 輯／閻富萍
地　　址／新北市深坑區北深路三段 258 號 8 樓
電　　話／(02)8662-6826
傳　　真／(02)2664-7633
網　　址／http://www.ycrc.com.tw
E-mail ／service@ycrc.com.tw
ISBN ／978-986-298-419-2
初版一刷／2023 年 7 月
定　　價／新台幣 380 元